大学生科技创新活动指导与研究丛书

U0183639

第七届上海市大学生机械工程创新大赛获奖案例精选

主 编 钱 炜 施小明 朱坚民

华中科技大学出版社
中国·武汉

内 容 简 介

由上海市教委主办、上海理工大学承办的"第七届上海市大学生机械工程创新大赛"于 2018 年 5 月 4 日至 5 日在上海理工大学举行。本次大赛的主题为"关注民生、美好家园",聚焦"解决城市小区中家庭用车停车难问题的小型停车机械装置的设计与制作""辅助人工采摘包括苹果、柑橘、草莓等 10 种水果的小型机械装置或工具的设计与制作"等具体问题,本书收集的案例为本次大赛的获奖作品,凝聚了同济大学、上海理工大学等上海市 15 所理工科高校在校大学生机械创新思维的精华。本书收集的案例充分展示了上海市高校大学生机械创新设计思维的培养和创新成果的多样性,也反映了上海市高等院校机械学科的教学改革成果,可作为大学生科技创新活动指导与研究用书。

图书在版编目(CIP)数据

第七届上海市大学生机械工程创新大赛获奖案例精选/钱炜,施小明,朱坚民主编.—武汉:华中科技大学出版社,2020.8

(大学生科技创新活动指导与研究丛书)

ISBN 978-7-5680-6207-7

Ⅰ.①第… Ⅱ.①钱… ②施… ③朱… Ⅲ.①机械设计-案例 Ⅳ.①TH122

中国版本图书馆 CIP 数据核字(2020)第 140794 号

第七届上海市大学生机械工程创新大赛获奖案例精选   钱炜   施小明   朱坚民   主编
Di-qi Jie Shanghai Shi Daxuesheng Jixie Gongcheng
Chuangxin Dasai Huojiang Anli Jingxuan

策划编辑:万亚军
责任编辑:戢凤平
封面设计:原色设计
责任监印:周治超
出版发行:华中科技大学出版社(中国·武汉)   电话:(027)81321913
          武汉市东湖新技术开发区华工科技园   邮编:430223
录   排:武汉三月禾文化传播有限公司
印   刷:武汉市洪林印务有限公司
开   本:787mm×1092mm   1/16
印   张:15
字   数:384 千字
版   次:2020 年 8 月第 1 版第 1 次印刷
定   价:58.00 元

前　　言

　　当今之世,科技创新能力成为国家实力最关键的体现。在经济全球化时代,一个国家具有较强的科技创新能力,就能在世界产业分工链条中处于高端位置,就能创造激活国家经济的新产业,就能拥有重要的自主知识产权,从而引领社会的发展。当代大学生作为国家创新的主体之一,其创新能力的提高不仅是个人职业发展的先决条件,更是推动建设创新型国家战略部署的坚强后盾。因此,培养一批创新型人才是时代迫切需要的,也是当今教育发展和社会发展的必然要求。大学生自我主动培养创新能力势在必行。我作为一名教育工作者,在深刻感受到大学生创新的重要性、迫切性的同时,也看到了因创新意识缺乏、专业知识覆盖面狭窄和创新精神不佳的大学生创新弊端。因此,我们更应该采取切实可行的措施,营造高校大学生创新文化氛围,建立健全大学生创新制度,夯实大学生创新基础,促使创新意识、创新思维、创新技能、创新精神深入渗透到大学生的日常生活里面,实现教育家陶行知所述"处处是创造之地,天天是创造之时,人人是创造之人"的良好景象。

　　机械创新设计作为科技创新的分支之一,是一个热门课题。机械创新设计是指充分发挥设计者的创造力,利用人类已有的相关科学技术成果(含理论、方法、技术、原理等),进行创新构思,设计出新颖并具有创造性和实用性的机构或机械装置的一种实践活动。它包含两个部分:一是改进完善生产或生活中现有机械产品的技术性能、可靠性、经济性、适用性等;二是创造设计出新产品、新机器,以满足新的生产或生活的需要。机械创新设计体现了艰苦、卓越匠心的工作本质,需要扎实的专业知识、丰富的实践经验以及精益求精的态度。

　　上海市大学生机械工程创新大赛自 2012 年起至 2018 年已成功举办了七届,大赛注重在校大学生综合运用所学"机械原理""机械设计""机械制造工艺及设备"等课程的设计原理与方法,实现作品原理、功能、结构上的创新。基于"卓越工程教育"思路,大赛引导高校在教学中注重培养大学生的创新设计意识、综合设计能力与团队协作精神,加强学生动手能力的培养和工程实践的训练,提高学生针对实际需求,进行机械设计和工艺制作的工作能力,为优秀人才脱颖而出创造条件。上海市大学生机械工程创新大赛已逐渐成为培养学生创新精神和实践能力的重要平台,是上海市高校中具有较大影响力的赛事之一。该赛事已成为大学生机械工程设计能力培养的综合性、创新性、实践性教学环节之一,希望各位同学积极投身于自主创新、建设创新型国家的事业当中去,不断提升自己的创新创业能力。

　　"第七届上海市大学生机械工程创新大赛"于 2018 年 5 月 4 日至 5 日在上海理工大学举行。大赛主题为"关注民生、美好家园",聚焦"解决城市小区中家庭用车停车难问题的小型停车机械装置的设计与制作""辅助人工采摘包括苹果、柑橘、草莓等 10 种水果的小型机械装置或工具的设计与制作"等具体问题。大赛共吸引了同济大学、华东理工大学、上海理工大学等上海市 15 所理工科高校,约 700 名在校大学生以及近百名指导教师参加。参加大赛的 157 支队伍经过激烈的竞争,共产生 30 个一等奖作品,44 个二等奖作品。本书的编选案例为本次大赛的部分获奖作品,这些作品充分展示了上海大学生机械创新设计思维的培养和创新成果的多样性,也反映了上海市高等院校机械学科的教学改革成果。大赛所形成的影响,能积极地推动高校大学生将机械产品的研究、创新设计与社会实践进行紧密结合,激发更多青年学生投身于我国机械设计与制造事业,成为日后机械设计工程师中的佼佼者。

本书由上海理工大学钱炜副教授、施小明副教授、朱坚民教授担任主编并统稿。在本书的编录过程中,上海市各兄弟院校给予了热情的帮助和莫大的支持,刘婧峥老师和吕美凤、强云玥等研究生对本书的出版作出了有益贡献,谨此向各位老师和同学表示衷心的感谢。

受编者水平所限,书中不足及疏漏之处恳请各位读者批评指正,编者不胜感激。

钱炜

上海理工大学

2019 年 10 月

目　录

小区道路微型停车系统

上海建桥学院

设计者：徐嘉鑫　袁一龙　孙国瑞　应宇航　陆彦

指导教师：吴玉平

1. 设计目的

作为现代大都市的标志，立体建筑和立体交通都有了显著发展，道路拥挤、车满为患已成为当今快节奏社会中最不和谐之音，发展立体停车已成为人们的共识。目前我国经济正处在高速发展时期，随着人们生活水平的不断提高，汽车进入家庭的步伐不断加快，停车产业市场前景广阔。机械式立体停车库既可以大面积使用，也可以见缝插针设置，还能与地面停车场、地下停车库以及停车楼组合实施。建设配套的智能立体停车库，对增加停车位及对其进行有序管理十分必要。在众多的停车设备中，升降横移式立体停车库具有节约空间、造价低廉、使用维护方便、安全可靠等优点。因此发展立体停车系统是解决城市停车难问题的有效手段之一。

2. 工作原理

智能立体停车库包括动力装置、汽车运输机构、控制系统、检测装置。升降横移式立体停车库每个车位均有载车板，上层车位通过横移下层车位让出空位，然后下降上层车位来完成存取过程。停泊在这类车库下层的车只作横移，不必升降，驾驶员直接进入车位进行存取。动力装置为整个系统提供动力来源；汽车运输机构中位于侧面的升降台进行一层和二层汽车的运输，梳状升降台和立体三轴横移搬运器负责汽车横移；控制系统控制梳状升降台和立体三轴横移搬运器的动作；检测装置检测车位状态，由控制系统控制机械机构把车停在相对应的空车位上。升降横移式立体停车库采用全自动化的停车方式，这可能是今后停车改革的主要方向。尤其是寸土寸金的大城市，采用机械式立体停车方式更为重要，而升降横移式立体停车库在机械式立体停车库中相对普通居民来说更具实用性。

3. 设计方案

1）立体三轴横移搬运器的选用

根据目前的立体车库能储存的车辆数目，大致可把立体车库分为两大类，即大型立体车库和小型立体车库。

本设计的立体车库是单层六位的,属于小型立体车库,存取车辆较少,从停车位到出车库所要运行的距离较近,即使速度较低,存取车的时间也不会太长。小型立体车库里采用梳状升降台作为载车容器即可。能够使梳状升降台平稳地在水平方向上移动的方式有多种。根据动力源(驱动装置)是否在梳状升降台上,可以将横移分为两种,一种是将驱动装置放在托盘上,通过驱动链条来实现横移。但这种方式现在使用不多,只有在大型的立体车库里才使用。由于电动机放在梳状升降台上,在存取车的过程中梳状升降台不断地运动,这使得给电动机提供电源和对电动机进行控制都比较难实现。

将驱动装置安放在固定件上是实现托盘横移的另一种方式。这种方式可以方便地为驱动装置提供动力源并对其进行控制,也可以提高安全系数,且比较美观,对车库的效率和外观没有影响。所以,本设计的横移部分的驱动装置不安放在梳状升降台上,而是安放在地面和框架上。

为实现梳状升降台的横移而采用的驱动方式有三种:
(1)利用液压系统进行驱动;
(2)利用电动机带动链条进行驱动;
(3)利用电动机带动齿轮、齿条系统进行驱动。

液压系统复杂,造价高,不易维护。链传动是一种不错的传动方式,传动精度高,设计、购买方便,但和齿轮、齿条啮合的传动方式比较起来,链传动的效率低了一点。所以,本设计采用电动机驱动的方式来实现梳状升降台的横向移动,中间的传动装置采用齿轮和齿条啮合的方式。

2)框架结构的确定

在工程结构中,钢结构是应用比较广泛的一种建筑结构。一些高度或跨度比较大的结构、载荷或吊起质量很大的结构、有较大振动的结构、高温车间的结构等,若采用其他建筑材料目前尚有困难或不是很经济,或不能满足强度要求,则可考虑用钢结构。本设计采用钢结构作为升降装置的支承及立体车库的主框架结构,这种钢结构具有材料强度大、安全可靠、耐热性好等优点。

钢结构在设计时应满足下列要求:
(1)结构必须有足够的强度、刚度和稳定性;
(2)符合建筑物的使用要求,有良好的耐久性;
(3)尽可能节约钢材,减轻钢结构质量;
(4)尽可能缩短制造安装时间,节约劳动时间;
(5)结构要便于运输、维护;
(6)可能条件下,尽量注意美观,特别是外露机构。

根据以上各项要求,钢结构设计应重视贯彻和研究节约钢材、降低造价的各种措施,做到技术先进、经济合理、安全适用、确保质量。

立柱采用工字钢,因为工字钢有很强的承载压力的能力。一共有8根立柱,前后各有4根,采用浇注的方法固定在混凝土中(地面采用混凝土)。横梁采用宽×高为200 mm×100 mm的冷弯矩形空心钢管。因为提升机构的电动机、联轴器和制动器要放在横梁上,所以矩形空心钢管平放在立柱上,采用焊接的方法连接。

由于提升轴安装在纵向梁上,纵向梁承载着梳状升降台和轿车的质量,因此纵向梁也采用宽×高为 200 mm×100 mm 的冷弯矩形空心钢管(见图 1 至图 3,作品展示用木料代替)。

图 1　智能停车库设计图　　　　图 2　框架(1)　　　　图 3　框架(2)

调查一般的普遍型轿车参数,确定本设计适用的轿车的几何参数为:车身长小于 5000 mm,车身宽小于 1900 mm,车身高小于 1700 mm,总质量小于 1600 kg。梳状升降台为载车容器,其尺寸应该大于轿车的尺寸,因此将梳状升降台的尺寸初步定为:长 5400 mm,宽 2500 mm。为了保证梳状升降台的自由运动,确定车库总长 17000 mm、宽 5800 mm、高 4440 mm,单个车位尺寸为长 5600 mm、宽 2700 mm、高 2000 mm。这是托盘和车库框架的大体尺寸。

3)平移装置中齿轮、齿条、驱动电动机的选择

取梳状升降台(含轿车)为研究对象,受力分析示意图如图 4 所示。

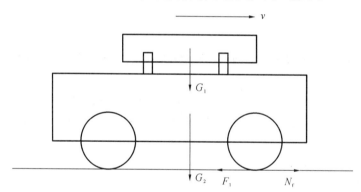

图 4　梳状升降台受力分析示意图

由受力分析图可以知道,梳状升降台的运行条件是

$$F_1 = N_f$$

查阅《摩擦、磨损与润滑手册(第二册)》(机械工业出版社)得知:

在任何滚动轴承中,克服摩擦所消耗的功率可以按平均摩擦力来计算:

$$N_f = f_a p$$

式中:N_f——轴承所受的摩擦力;

f_a——滚动摩擦系数平均值;

p——按一般动力计算公式得到的轴承上的当量载荷。

查阅《摩擦、磨损与润滑手册》中表 19.14 得知,部件采用接触式密封,由于存在制造误差、装配误差、工况加重和润滑剂污染等,f_a 的值应该扩大一倍,取为

$$f_a = 1.8 \times 10^{-2} \times 2$$

对于深沟球轴承:

$$p = F_r \times K_v \times K_s \times K_t$$

式中:F_r——径向力;

K_t——温度系数;

K_v——旋转系数;

K_s——安全系数。

升降装置质量估算为 779 kg,轿车质量以 1600 kg 计算,则

$$F_r = G_1 + G_2 = (1600 + 779) \text{ kg} \times 9.8 \text{ N/kg} \approx 23314 \text{ N}$$

根据旋转情况,取 $K_v = 1.2$。

查阅《摩擦、磨损与润滑手册》得 $K_s = 1.1$,由其中的表 19.11 得知 $K_t = 1.0$,因此

$$p = 23314 \text{ N} \times 1.2 \times 1.1 \times 1.0 \approx 30774 \text{ N}$$

所以

$$N_f = f_a \times p = 30774 \text{ N} \times 2 \times 1.8 \times 10^{-2} \approx 1110 \text{ N}$$

又

$$N_f = F_1$$
$$F_1 = 2T/d$$
$$T = 9.55 \times 10^3 P/n$$

由于小型立体车库是用于小区的,移动速度不宜过快,故梳状升降台的移动速度初步定为 $v = 0.35$ m/s,因此

$$P = F_1 \times v = 1110 \text{ N} \times 0.35 \text{ m/s} \approx 0.388 \text{ kW}$$

查阅《机械设计手册》表 22-1-61,选用 YCJ140 和 Y90S-4 一体的 YCJ 齿轮减速三相异步电动机,其中:

电动机的额定功率为 $P = 0.75$ kW;

额定转速为 $n = 26$ r/min;

输出转矩为 $T = 248$ N·m。

校核如下:

由 $F_1 = 2T/d$,得

$$d = 2T/F_1 = 2 \times 248 \text{ N} \cdot \text{m}/1110 \text{ N} \approx 0.44 \text{ m}$$

又

$$T = 9.55 \times 10^3 \times 0.388 \text{ kW}/(30 \text{ r/min}) < 248 \text{ N} \cdot \text{m}$$

故此电动机合适。

由于动力从电动机传送到托盘要经过皮带、联轴器、滑块等部件,传递到梳状升降台上的动力会减少,从而使转矩减小,因此齿轮直径和传动轴的直径应该大于 0.44 m。

4)导轨的设计

由于轿车和梳状升降台的质量达到 2379 kg,因此选择 GB/T 11264—2012 中的轻轨,型号为 30。查其总高是 108 mm,总宽是 108 mm,总长是车库的长度,本设计车库长度为 17000 mm。采用人工加油的方式直接向导轨上浇油进行润滑,不需要专门的润滑装置。

4. 主要创新点

(1)全自动化智能停车控制系统;
(2)可在复杂路面安装,不影响市容;
(3)三轴横移搬运,车辆运送高效迅速;
(4)控制系统采用智能优化算法,提高了存取车的效率;
(5)采用蓝牙连接,普遍高效。

5. 作品展示

为了能清楚直观地展示智能立体停车库,建立模型如图 5 所示。

图 5 智能立体停车库外形图

参 考 文 献

[1] 陈秀宁,施高义.机械设计课程设计[M].4 版.杭州:浙江大学出版社,2013.
[2] 郑金兴.机械制造装备设计[M].哈尔滨:哈尔滨工程大学出版社,2008.
[3] 王新华.机械设计基础[M].北京:化学工业出版社,2011.
[4] 孙桓,陈作模,葛文杰.机械原理[M].8 版.北京:高等教育出版社,2013.
[5] 吕庸厚,沈爱红.组合机构设计与应用创新[M].北京:机械工业出版社,2008.

立体式小区停车库

华东理工大学

设计者:缪云鹏 方艺伟 卢秉伦 张浩楠

指导教师:郭慧

1. 设计目的

随着城市化水平的不断提高及汽车工业的飞速发展,我国已经进入汽车保有量迅速上升的时期。目前我国大量车辆行驶在城市道路上,造成动态交通的严重阻塞。同时由于停车场地设置不合理,占道停车、占用居住小区绿地现象严重,造成静态交通混乱,如不采取措施,机动车辆保有量的迅速增长和城市停车场建设滞后的矛盾将越来越突出,停车难的问题将愈演愈烈,继而破坏动态交通和静态交通的关系,造成恶性循环。

停车难在现代小区中更为突出:首先,小区人口密集度极高,由于人均汽车保有量持续增长,一个小区的汽车数量也十分庞大,而且人们的出行时间大致相仿,高峰期间整个小区的交通十分拥堵;其次,小区建筑密度高,道路曲折狭窄,地面停车位十分紧张,更有甚者不惜占用绿化面积进行停车;地下停车场建设成本高,面积庞大,停车位设置错综复杂难于寻找,且进出口狭小不便通行。

针对上述问题,我们设计了立体式小区停车库。本作品的意义主要有以下几点:

(1)通过立体车库方案为人们提供了便利出行的条件,为缓解小区停车难问题提供了可行的方案。

(2)提升了小区空间利用率,避免了建设大型地下停车库,可以降低小区整体的建设成本,能起到降低车位价格的作用。

2. 工作原理

1)机械结构

机械式停车库分八大类,主要有升降横移式、垂直循环式、水平循环式、多层循环式、平面移动式、巷道堆垛式、垂直升降式和简易升降式。本作品采用平面移动式立体停车库,但与传统的移动式又有所区别,整体结构类似大型仓库,是平面移动式与巷道堆垛式的结合。

2)控制系统

(1)上位机与下位机通信。

本停车库的上位机是基于 Python 语言的,其中主要运用到 Pyserial、Pygame 等库函数。使用 Pygame 库函数取代传统的 Thinker 库函数来制作上位机的 GUI(图形用户界面),可以使上位机的界面内容更丰富,提高本停车库的新颖性和市场推广效应。此上位机还支持触摸屏功能,用户可以通过点击屏幕来选择具体的车位,并且在 GUI 中可以清晰地查看目前整个停车库车位的情况(即剩余多少停车位),从而方便用户选择合理的停车点。本停车库需要传输 6 个 PWM 信号、3 个 I/O 信号以及与上位机的 TXD/RXD 通信信号,要求单片机有强大的性能,综上选择 K60 单片机。上位机采用山外公司的 K60 单片机。比起传统的 C51 单片机和市场上广泛使用的 Arduino,K60 单片机的内存更大,运算速度更快,可用引脚也更多。停车时,用户通过点击 GUI 上的按钮向单片机发送指令,屏幕上的特定事件的特定按钮感应到触摸屏指令时,会通过蓝牙向下位机(单片机)UART3(C16/C17 串口)发送特定的指令。当下位机收到指令后,根据已经写入 COM 的程序完成指定的运动,达到停车的目的。且下位机还会向上位机传输车位情况,方便客户了解当时空车位数量。

(2) PCB 管脚定义。

如图 1 所示,在 PCB 板的左中央是放置单片机 K60 的位置,在它的左下方有一个 1×4 的排针口,从左到右分别是 GND、RXD(C16)、TXD(17)、V_{cc}(5V),用于下位机与上位机的通信。在单片机位置的正上方是限位开关的串口,左侧共地,右侧的信号线引脚分别为 B5、B3、B1。在 PCB 板的右侧是三个步进电动机的信号线串口,步进电动机的控制口从上到下分别为 PUL+(控制步进电动机的脉冲数:A5,A6,A7)、PUL-(接地)、DIR+(控制步进电动机转向:D5,D6,D7)和 DIR-(接地)。PCB 的右下角是整个 PCB 板的电源端口以及总开关。整个 PCB 板的 V_{cc} 为 5 V,由外部直流电源供电。

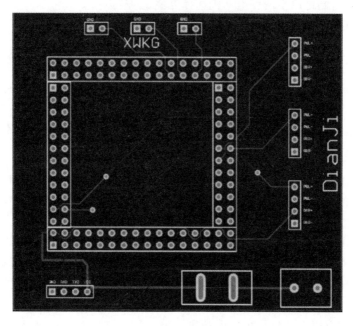

图 1　PCB 板

3. 设计计算

1)基本参数确定

鉴于制造实体车库成本过高,根据相似理论,本设计从制作模型出发进行分析。车库设计容量为 9 辆,为 3×3 的框架布局。初步尺寸定为 550 mm×250 mm×540 mm,由三个步进电动机驱动,每个停车位大小为 130 mm×170 mm×100 mm,框架示意图如图 2 所示。

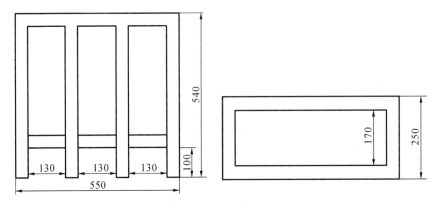

图 2　整体框架尺寸

2)电动机选择方案比较

根据初步载荷制订以下两种电动机选择方案。

方案一:采用 42 步进电动机。型号为 42BYGH34,机身高 34 mm,扭矩 0.3 N·m,电流 1.3 A,轴径 5 mm,D 型轴,插座式。

方案二:采用 24 V 直流减速电动机。型号为 XD-3420,最大扭矩 2 kgf·cm(1 kgf·cm =9.80665 N·m),电动机尺寸 52 mm×71 mm,输出轴直径 8 mm,可调速、正反转。

在设计中,为了保证汽车停放的准确度,需要在 XZ 平面、Y 方向上具有较高的定位精度。由于步进电动机可通过单片机精确调节旋转角度,综合考虑,选取方案一。

3)传动选择方案比较

方案一:采用横向丝杠+纵向丝杠+步进电动机。该方案即在 X 方向和 Z 方向均采用丝杠导轨驱动,抬车架在 Y 方向的移动利用步进电动机通过联轴器直接驱动,示意图如图 3 所示。

方案二:采用直线电动机+曳引电动机+步进电动机方案。该方案即在 X 方向采用直线电动机,Z 方向采用曳引电动机。有别于方案一,此种方案不能做成一体式的,必须每一层都使用一个直线电动机驱动。抬车架在 Y 方向的移动利用步进电动机通过联轴器直接驱动。

方案三:采用曳引电动机+步进电动机方案。该方案不能进行 X 方向的移动,即 Z 方向采用三组曳引电动机,抬车架在 Y 方向的移动利用步进电动机通过联轴器直接驱动。

比较三种方案,可以发现:方案三实现最为简单,但是占地面积大,结构复杂,效率不高;

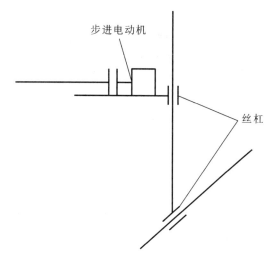

图3 电动机方案

方案二的实现较为复杂,因为在两个方向上需要实现抬车架的切换,结构复杂;相比较之下,方案一的实现并不复杂,定位精度也较高,通过对电路结构的设计可以实现任意点的定位。综合考虑,本设计选取方案一。

4)消防防护方案

《汽车库、修车库、停车场设计防火规范》(GB 50067—2014)第7.2.1条规定"机械式立体汽车库应设置自动喷水灭火系统";第7.3.3条规定"机械式立体汽车库可采用二氧化碳等气体灭火系统";第7.3.4条规定"设置泡沫喷淋、高倍数泡沫、二氧化碳等灭火系统的汽车库、修车库可不设自动喷水灭火系统"。因此,适用于机械式立体车库的自动灭火系统有:自动喷水、泡沫喷淋、高倍数泡沫、二氧化碳等灭火系统。考虑到本设计采用露天的结构,无明显的封闭空间,故采用常见的自动喷水装置即可,如图4所示。

图4 喷水装置

根据相关规范,喷头数量可按照两辆车共用一个的方法取为6个,每一层设置2个,水管布置也较为方便。

5）元件型号和结构

根据选取的方案,经过我们的尝试,列出所需元件,如表 1 所示。

表 1　元件型号

名称	型号
开关电源	LRS-350-24
42 步进电动机	42BYGH34
微动开关	SS-5GL2
弹性联轴器	D19L25
直线导轨	MGN15H

图 5 至图 7 所示为各主要结构的图示。

图 5　X 方向丝杠

图 6　Z 方向丝杠

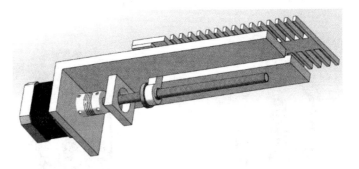

图 7　Y 方向步进电动机

4. 主要创新点

（1）采用立体多层的车库结构,较大程度地节省了停车库的空间,降低建造成本。一方面,与现如今常用的停车楼相比,立体停车库实现了全自动存取车辆,车库不需驾驶人员进入,便不需建造人行通道、安全防护措施,很大程度地节约了土地成本;另一方面,现有的大部分机械式停车库只能在一个楼层上存放车辆,而立体式停车库可以实现多楼层存放,大大提高了停车库的容积,降低了整体的建造成本。

(2)立体式智能停车库适用范围广。立体式停车库不仅可应用于小区之中,还可大范围应用于商场、学校等公共场所,且可根据实际情况选择车库的层数。另外,建造地点限制较少,既可选择建于地上,也可选择建于地下。

(3)实现自主停车,一键存取车辆。立体式车库很好地解决了停车难的问题,无须花费大量时间寻找车位,只需将车辆停入指定区域,确认熄火及车上已无人员即可。取车时同样只需通过手机预约或者刷卡便可调取车辆,方便快捷。

(4)可实现存取车辆的机构多方向同时运动,大大提高存取车辆的效率。普通的机械式停车库的存取机构在某个时间内只能进行一个方向移动,而立体式停车库能够在竖直方向和水平方向同时移动,大大缩短了存取车辆的时间,提高了存取效率。

(5)在车位选取上,采取最佳路径寻找算法,既能减少存取的时间,又能降低存取中的能源消耗及机械损耗。通过算法选取最佳路径,能够尽可能将车辆存放在路径最短的车位,以提高存取效率,节约能源。

5. 作品展示

本设计装置的外形如图 8 所示。

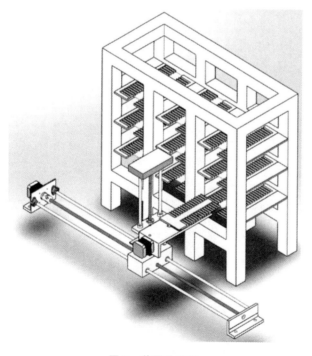

图 8　装置外形图

参 考 文 献

[1] 陈婷婷.机械式立体停车库的设计研究[D].兰州:兰州大学,2013.

[2] 赵永超.机械式立体停车库设计研究[D].邯郸:河北工程大学,2015.

[3] 袁壮.城市中心区立体停车库设计研究[D].长沙:湖南大学,2010.

[4] 张东辉,张少峰.居住小区停车问题研究[J].中外建筑,2004(2):5-7.

棚顶式自行车智能存取停车场

上海建桥学院

设计者:朱晨琪　吕志杰　朱成　张臻　金翊杰

指导教师:吴玉平　魏苏宁

1. 设计目的

时代在不停地向前发展,城市的发展也在不断加快,不仅仅是大城市,中小城市也已经被各种各样的机动车所"占领"。在如此拥堵的交通状况下,骑自行车便成了人们日常出行的另一种选择,而且它还是一种无污染、经济实惠、绿色环保的出行方式。开发自行车交通是预防和缓解交通拥堵、减少污染和能源消耗的重要方法之一,关系到人们的生活质量和城市可持续发展水平。随着自行车交通的发展越来越快,它所带来的问题也越来越多。首先就是乱停放的问题。由于没有一个固定的停取车点,人们随处停放自行车。其次就是自行车的质量问题。例如随处可见的共享单车,其中很多出现了损坏情况,比如座板损坏、链条损坏等。

因此,城市里需要一个方便实用、成本低廉、可维护性好、使用价值较高的自行车存取方案,来解决上述问题。现在城市飞速发展,土地稀缺,传统的地面自行车位已经无法满足和适应现有的环境,需要一种新型的智能停车装置。在设计自行车的智能存取装置时,我们实地考察和研究了传统的汽车停车棚。传统的汽车停车棚上方有很大的空间可以利用,可以把自行车放在汽车停车棚之上,使传统的汽车停车棚与自行车的智能停车库相互结合。这样既可以节省空间,又可以根据车棚的大小确定停放车辆的数量,还可以封闭上方的共享单车智能停车库。这样就很好地规避了自行车被盗、受自然天气影响的问题。

2. 工作原理

1)微控制器选型介绍

微控制器选用的是 Arduino mks gen v1.4。此控制器是创客基地研发人员针对Ramps1.4、Megatronics V2.0 等开源主板存在的问题特别优化研发推出的一款产品。

该微控制器具有以下特点:

(1)将 2560 及 Ramps1.4 集合在一块板子上,解决了 Ramps1.4 组合接口烦琐、易出故障的问题。

(2)可更换电动机驱动,支持 4988 驱动和 8825 驱动。

(3)电路板采用高质量的四层板,并专门做了散热优化处理(Ramps 是二层板)。

(4)采用高质量 MOSFET 管,散热效果更好。

（5）采用专用电源芯片，支持 12～24 V 电源输入，解决了 Ramps 电压转换芯片的发热问题。

（6）可以接收 24 V 输入，同样系统功率下可以把热床电流减小到原来的 1/4，有效解决 MOSFET 管的发热问题。

（7）可以使用开源固件 Marlin，其配置与 Ramps1.4 完全相同，可直接替代 Ramps1.4。

（8）可直接连接 Ramps1.4、2004LCD 控制板及 12864LCD 控制板。

（9）预留电动机脉冲和方向输出端口，方便外接大电流电动机驱动电路。

（10）保留 Ramps1.4 上 Servos、AUX-1、AUX-2 接口，提供 3 个 5 V 输出、3 个 12 V 输出接口。

2）驱动器选型介绍

本模型设计分为两个对称的独立部分，以下介绍基于一部分展开。

设计方案的运动系统有来自四个方向的自由度的运动，考虑到每个方向最少需要一个动力源加以驱动，以及设计的便携性和系统的稳定性，动力方面我们选择使用两相四线的 42 步进电动机和步进电动机专用的驱动器 A4988 模块，构成稳定的控制系统。A4988 是一款带转换器和过流保护的 DMOS 微步驱动器，可在全、半、1/4、1/8 及 1/16 步进模式时操作双极步进电动机，输出驱动性能可达（35±2）V。A4988 包括一个固定关断时间电流稳压器，该稳压器可在慢或混合衰减模式下工作。

转换器是 A4988 易于实现控制的关键。只要在"步进"输入中输入一个脉冲，即可驱动电动机产生微步，无须进行相位顺序表、高频率控制行或复杂的界面编程。A4988 界面非常适合复杂的微处理器不可用或过载的应用。A4988 应用电路如图 1 所示。

用于输出的 OUT1A、OUT2A、OUT1B、OUT2B 分别连接电动机的两相。MS1、MS2、MS3 用来配置细分模式，如图 2 所示。

脉冲的计算方式为

$$p = \frac{360°}{\phi} \times \varepsilon \times D / \frac{d}{\mathrm{rid}}$$

这是一个线性的公式，其中 p 为需要转动的距离；ϕ 为步进电动机的步距角，即每走一步转动的角度；ε 为设置的细分数；D 是电动机需要运动的距离；$\frac{d}{\mathrm{rid}}$ 是每转过一圈所运动的距离。根据这个公式，可求得任意距离所对应的脉冲数。

3）系统工作原理

当车主存车时，车主需要把自行车停在地面上的指定位置，刷卡确认停车后，即可离开。系统收到车主的磁卡信息之后，优先选择最近车位，并确认是否已经停有车辆；如果有，则选择下一个停车位。系统确认好停车位之后，自行车所在的升降平台上升，平台上升至车棚之上的指定位置。此时自行车抓取装置即气爪开始动作，向前抓取自行车，确认抓取好之后向后拖至抓取装置所在的平面。有两种停车方式：第一种是直接横移抓取装置所在的平台，并移动到系统确认的停车位上，平台再返回复位位置；第二种是抓取装置所在的平台旋转 180°，使自行车对准位于后方的停车位，再横移该平台至指定停车位，最后回到复位位置。当要取车时，车主刷卡确认完信息后，系统会按照存车时的路径将自行车从车位上取出，并下降到地面上。总构架如图 3 所示。

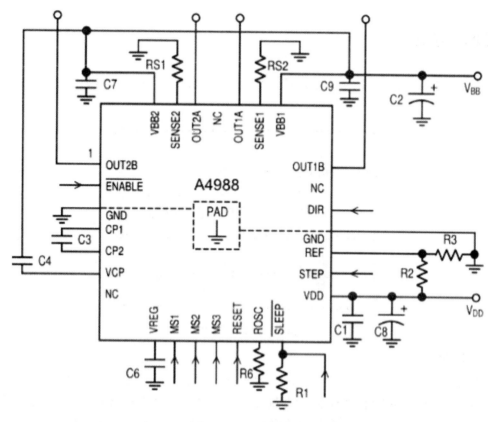

图 1   A4988 应用电路

MS1	MS2	MS3	Microstep Resolution	Excitation Mode
L	L	L	Full Step	2 Phase
H	L	L	Half Step	1-2 Phase
L	H	L	Quarter Step	W1-2 Phase
H	H	L	Eighth Step	2W1-2 Phase
H	H	H	Sixteenth Step	4W1-2 Phase

图 2   细分模式配置

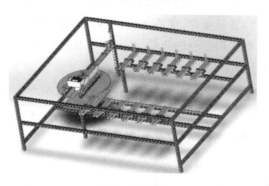

图 3   总构架

3. 设计方案

如图 4 所示,设计装置模型是按约 1∶8 的比例仿真的,采用的自行车也是 1∶8 的模型。

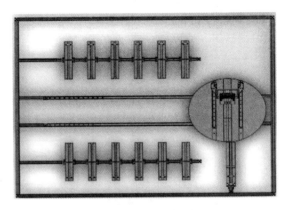

图 4　设计装置模型

1) 框架的选择

选用的外部结构框架是 2020 铝型材,平台使用的是亚克力板。2020 铝型材主要适用于轻型结构的框架组合(例如机罩、仪器机架、展示栏等),是工业框架领域常用的铝型材之一。其特点为:槽宽为 6 mm,表面经过阳极氧化银白处理(喷砂白和光亮白),美观、大方。这款铝型材通常采用 20 系列 M5(多数)或 M4 专用 T 形螺母与内六角进行内部连接。而亚克力板的特点是适应性非常好,其对自然环境的适应性很强。即使长时间日光暴晒、风吹雨淋,其性能也不会发生改变,抗老化性能好,在室外也能安心使用。它是无色透明的有机玻璃板材,是一种透光率良好的材料,透光率达 92% 以上。

2) 电动机的选择

根据移动装置传递的扭矩较大,皮带的转速较高等特点,选取两种电动机。第一种是普通的 42 步进电动机,用于气爪的移动、升降平台的上升下降和横向移动。42 步进电动机适用于需要精确定位的场合,性能稳定,噪声小,且扭矩大,转速较高。第二种则是带有行星减速器的步进电动机,考虑到抓取平台的重量,选择公称减速比为 14 的二级减速器。

3) 移动装置的设计

移动装置均以线轨上装带轮为主。直线滑轨有以下的优点:①滑动接触可使启动摩擦阻力及动摩擦阻力极小;②负荷增大时摩擦系数无明显变化,因此重负荷下,摩擦系数极小,并且精度长期保持不变,可保证机械的使用寿命。

4) 车架的设计

考虑到车辆动作会有抖动情况,停车位上专门设计了后轮固定装置和车槽,可有效地将车辆卡至车架的中间,使车辆的轮胎与车架的接触面积变大。抬升机构与此结构配合可以将车辆抬起而不伤害车身等部位。

5)气爪的选择

选用的气爪是阔型气动手指 MHL-10D,该尺寸符合抓取自行车的要求。

4. 主要创新点

(1)将车辆停放位置设在传统的汽车车棚上,大大节约了空间,解决了自行车乱停放问题。

(2)刷卡系统响应快速,节省了存取车的时间。

(3)停车抓取平台可旋转,增加了停车的车位数量。

参 考 文 献

[1] 张东生,闫坤,王楠,等.新型自行车自动存取系统研究[J].机械设计与制造,2015(12):160-165.

[2] 姚梦阳,王天良,陈苏江,等.基于 PLC 的升降横移式立体车库监控系统设计[J].时代汽车,2016(Z1):60-62.

[3] 老焯源,胡壹书,宫钦钊,等.自动化自行车立体存放系统[J].装备制造技术,2016(09):93-95.

[4] 徐志毅.机电一体化实用技术[M].上海:上海科学技术文献出版社,1995.

[5] 吴宗泽.机械设计简明手册[M].北京:化学工业出版社,2000.

平面移动立体停车位

上海理工大学

设计者：柯常杰　孙立磊　陈一唯　陆盛　刘昌隆

指导教师：宋成利

1. 设计目的

随着社会经济的发展，人民生活水平的提高，人们的出行更加便捷，以轿车代步成为一种生活方式。根据本届机械创新设计大赛"关注民生，美好家园"的主题，我们对学校旁边的老居民区进行观察走访，发现小汽车停车问题对居民来说是一个很难的问题。同时，小区内也没有相应的措施来解决或者缓解此类问题。

带着问题，我们继续观察，发现小区内两栋楼房侧墙之间有 7 m 的距离，而一般小汽车的正常宽度为 1.5~1.8 m，也就是说这 7 m 的距离正常情况下可以并排放下 3 辆小汽车，这很适合平面移动停车机构的设计。于是，我们设想通过设计平面移动立体停车位，以解决目前在小区内居民停车难的问题，同时也使停车更有秩序，给居民带来便利及社区的和谐，与大赛主题呼应。

本设计通过运用简单的机械原理和多个机构的组合来搭建一座结构简单、符合小区便利性的平面移动立体停车位，从而解决现实生活中居民区停车难的问题。

本作品的意义主要有以下几点：

（1）通过设计平面移动立体停车位，可以有效缓解或解决老旧小区停车难的问题。

（2）使老旧小区停车更加有序，避免随意停车现象。

（3）通过设计停车位，加强自身对现实生活的关注，从而更好地将理论与实践相结合，以解决现实生活的问题。

（4）通过这样的项目设计，提高大家的动手实践能力和理论分析能力。

2. 工作原理

1）平面移动立体停车位的组成

平面移动立体停车位由钢框架部分（见图 1）、控制部分、水平（左右）移动部分和升降部分组成。

钢框架部分：整个停车位的支承结构，也是存取车的重要结构。由于采用钢框架结构，整个结构稳固，存放车辆安全。在模型设计中钢框架结构的长、宽、高分别为 293 mm、224 mm、312 mm，模型设计幅度偏小，但并不影响机械装置的实际实施。同时，框架里面包括升降轿厢的齿轮齿条机构、各车位的有序移动装置以及顶部的风雨挡板和散热装置等。

控制部分:整个设计的核心部分,控制着存车和取车的整个过程。在设计前期考虑运用智能化的方式对整个系统进行控制,即采用工控方式,这样能够保证运行的现代化及智能化。但从实际情况出发,目前采用手控方式进行模型演示,即采用六通道无线遥控器控制整个系统。这也不失为一种灵活的控制方式。

水平(左右)移动部分:在存车和取车过程中,通过控制轿厢内的齿轮齿条机构使托板实现左右移动,从而实现托板上车辆的存取。存车和取车的区别在于:存车时通过驱动齿轮齿条啮合,使轿厢移动到空车位的车槽的水平位置,滑箱上的托板承载着车辆,当托板在车位上停好之后,驱动舵机使滑箱自动与托板分离,滑箱返回,完成存车;而取车时,滑箱进入车槽,通过调节舵机使滑箱顶部与托板接触,稍微撑起托板,然后通过齿轮齿条啮合使滑箱离开车位,并返回水平面,完成取车。

升降部分:由齿轮齿条机构驱动,主要负责轿厢的上下运动,完成存车和取车。

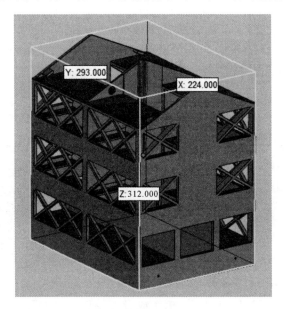

图 1   钢框架结构

2)平面移动立体停车位的工作原理

在完成上述结构装配后,根据机械工作的过程,对本作品进行工作原理的阐述。

首先,驾驶员驾驶轿车进入第一层已经等候在那里的轿厢(见图 2(a)),轿厢内的滑箱(见图 2(b))上面托着托板,与水平面平齐。然后,用手动遥控器驱动电动机(见图 3),电动机驱动齿轮齿条(见图 4)啮合使轿厢上升,当轿厢上升到与第二层车槽(空车位)高度相当的位置,也就是轿厢底部与车槽底部处于平行位置时,停止上升;此时,操作遥控器驱动电动机,电动机驱动齿轮齿条使滑箱水平移动,使滑箱进入空车位,托板载着的车辆也将进入空车位,当滑箱完全进入空车位后,停止运动;驱动滑箱内的舵机使滑箱自动与托板分离,滑箱按原路返回停于水平地面,完成存车。

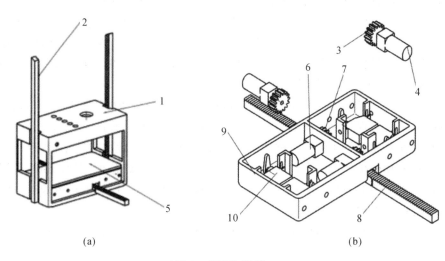

图 2　轿厢和滑箱

1—轿厢;2、8—齿条;3、7—齿轮;4、6—电动机;5—托板;9—滑箱;10—舵机

图 3　GA12-N20 电动机

图 4　齿轮齿条

停在水平地面的轿厢等待存入下一辆车或者等待取车。如果存入下一辆车,则重复上述步骤即可。如果要取车,操作遥控器驱动电动机,电动机驱动齿轮齿条啮合使轿厢上升,使滑箱移动到需要取走的车辆车槽内;控制舵机使滑箱与托板接触,并使托板微微顶起,然后驱动电动机使滑箱返回轿厢内,接着驱动电动机使齿轮齿条啮合,带动轿厢返回水平地面,完成取车。

这里为了使停车位的工作过程更加科学,查询资料和文献对齿轮齿条啮合的纵向运行速度和所需时间以及横向运行速度和所需时间进行了科学的计算,计算过程如下:

$$v = 2\pi r n$$

由上式可知,要求速度 v,必须知道转速 n 和齿轮半径 r。设计的模型中采用了 GA12-N20 减速电动机,选用的转速为 15 r/min,模数为 1 mm,齿数 15。又据齿轮传动的参数公式:

$$d = mz$$

可得 d 为 15 mm(d 为齿轮直径)。由此求得速度大小为 11.775 mm/s。于是得到纵向运行速度和横向运行速度为 11.775 mm/s。

已知设计模型纵向齿条长度为 240 mm,横向齿条长度为 70 mm,再根据物理学公式:

$$s = vt$$

算得纵向运行所需时间为 20.4 s,横向运行所需时间为 5.9 s,这样理论上算得总时间为 $t=$ 26.3 s。这样的时长对于存取车来说用时较少,使等待时间大大减少,提高了停车效率。

3. 设计方案

1)实际应用前景

为完成此次比赛的作品,我们先对学校旁边的老旧小区进行实地考察,结合小区自身的特点,设计符合小区的停车位。这样可以更好地解决小区停车难的问题,做到有的放矢。此次大赛中以模型作为参赛作品,如果模型得到认可,设计原理得到肯定,将以设计作品作为原型,改善控制功能,使其趋于智能化,再结合实际情况,扩大设计尺寸,与生产厂家合作,先进行单个生产,实施产品的实地验证。一旦验证通过,各项指标符合国家标准,将进行批量生产,真正解决老旧小区停车难问题,给老旧小区居民带来便利和社区的和谐等。这样,作品将发挥巨大的社会效益并具有广泛的应用前景。

2)基本参数确定

对于本设计模型,为了使其更好地运转,可基本确定以下参数。直流电动机输入电压 6 V,纵向齿条长为 240 mm,横向齿条长为 70 mm,直流电调(见图 7)的输入电压 4.8～8.4 V、持续电流 10 A,舵机扭矩 0.5 kg/cm、输入电压 4.8 V、速度 0.12 s/6 0°。

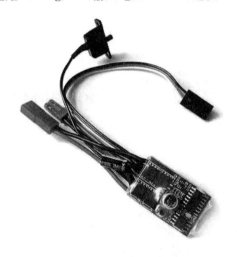

图 5　电调

3)电动机选择方案比较

根据功率计算公式 $P = \pi \times M \times n$($M$ 为扭矩,n 为转速),若电动机转速低,则传递的扭矩较大,若电动机的转速高,则传递的扭矩较小。当额定功率 P 一定时,有以下几种方案:

方案一:为使转速提高,选用输入电压为9V的电动机。优点:电动机功率恒定,转速提高,运行加快,可缩短存取车时间。缺点:扭矩变小,齿轮传动受限,不能正常与齿条啮合。

方案二:为使传动平稳,选用输入电压为6V的电动机。优点:扭矩变大,齿轮传动平稳,运转状态良好。缺点:转速稍微变小,运行变缓。

方案三:为使传动更加平稳,选用输入电压为3V的电动机。优点:扭矩更大,齿轮传动更加平稳。缺点:转速下降,运行更缓,噪声增大,与方案二相比,其存取车的时间明显变长。

综合考虑传动稳定性和存取车的时间,选取方案二。

4)升降机构的选择方案比较

对于本作品来说,选用哪种升降机构更适合模型设计是首要考虑的问题,但是不管哪种方案,必须满足以下三个条件:

(1)转速不能过快,否则磨损较大,噪声大。

(2)运动平稳性高。

(3)运动速度适中,安全性高。

通过查阅多种资料和文献,对比各种方案,最终选择了适合于设计模型的方案。现对选择方案列举如下:

方案一:丝杠螺母机构(见图6)。优点:摩擦损失小、传动效率高;传动精度高;高速进给和微进给可靠;轴向刚度高;使用寿命长。缺点:安装结构大、易磨损,且成本高;在长距离重负载下,滚珠丝杠易弯曲,滚珠丝杠制造、安装精度要求较高,因而成本也较高;不宜做远距离传动。

方案二:齿轮齿条传动机构(见图7)。优点:传动精度高;适用范围宽;圆周速度范围大;工作可靠,使用寿命长;传动效率高。缺点:随着制造和安装要求提高,成本也随之增加;减振性和抗冲击性不如带传动等柔性传动的好。

 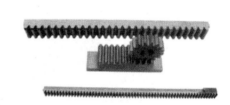

图6 丝杠螺母机构　　　　　　　图7 齿轮齿条机构

方案三:同步带传动机构(见图8)。优点:带与带轮之间无相对滑动,能保证准确的传动比;同步带通常以钢丝绳或玻璃纤维绳为抗拉体,以氯丁橡胶或聚氨酯为基体,这种带薄且轻,可用于较高速度。缺点:同步带传动对中心距及其尺寸稳定性要求较高;制造和安装精度要求较高。

比较三种方案,最终选取方案二。

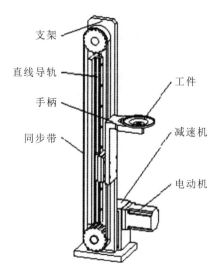

支架
直线导轨
手柄
同步带
工件
减速机
电动机

图 8　同步带传动机构

4. 主要创新点

(1)通过设计平面移动立体停车位,成倍地增加了停车位,解决了小区停车难问题。

(2)停车位整体结构设计简单,机械效率高,制造成本低。

(3)占用土地面积小,更加符合小区停车需求。

(4)结构简单,存取车方便。

(5)钢框架结构牢靠,停车安全。

5. 作品展示

本设计装置的外形如图 9 所示。

图 9　装置外形

参 考 文 献

[1] 刘跃南.机械设计基础[M].北京:高等教育出版社,2015.

[2] 卜炎.机械传动装置设计手册[M].北京:机械工业出版社,2004.

[3] 成大先.机械设计手册[M].5版.北京:化学工业出版社,2007.

[4] 付翠玉,关景泰.立体车库发展的现状与挑战[J].机械设计与制造,2005(9): 156-157.

[5] 李祥啓.立体车库的选型与应用[J].建设科技,2008(17):66-67.

双层滑动式停车机

上海大学

设计者:徐可昕　闫博　罗艳飞　张羽

指导教师:金健

1.设计目的

智慧城市、智慧社会是目前发展的主旋律,而服务则是核心。为积极响应本次大赛主题,主动关注民生、创建美好家园,针对城市小区中家庭用车停车难问题,我们设计了该小型停车装置。

通过走访调查与查阅资料,可以发现已有的停车装置普遍存在的一些问题。

(1)取车时间过长,耗能大。尤其是循环移动式停车装置,取用一辆车往往要移动多辆汽车才能达到目的,且只有一个停取车口。假设平均一个人取车耗时 3 分钟,则第十个人取车就要等待半个小时。

(2)取车不方便。特别是一些小型两层式的停车装置,只有先开走下方的汽车才能把上层的汽车降落下来,然后再取走汽车,不仅耗能,而且耗时耗力,造成诸多不便。

(3)故障率高,维修成本大,且力学结构存在一些隐患。例如已经出现的一些循环移动式停车装置,虽然可以实现上下层取车不影响,但是一般上层停放区要做大幅移动。这样不仅耗能大、耗时多,存在较大的安全隐患,而且还需要较高的维护成本。

针对以上问题,从空间利用率考虑,结合较窄路段的使用环境,我们的设计采取结构简单的装置来实现快捷停取车,不需移动多辆汽车,可实现节能,且减少对地基的破坏。我们设计的是两层停车装置,采用滑轨、蜗轮、齿轮链条等机构实现上下层独立完成取车运动。下层不影响上层的结构,可以在独立快速实现取车自如的情况下节省时间和能耗,且能够相对减少维护次数。

2.工作原理

1)组成结构

所设计装置的结构组成如图 1 所示,装置的结构分析如图 2 所示。

2)运动规律

为了实现上下层取车运动独立完成,要求下载车板可以单独滑出,上载车板可以实现单独滑出并能完成升降运动。因此下载车板与上载车板分别与车轮连接,并在滑动过程中通

图 1 结构组成

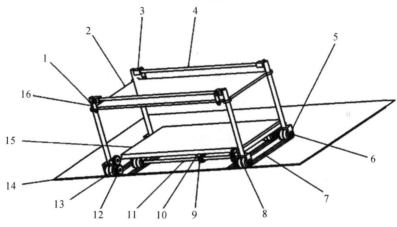

图 2 装置结构分析

1—支承杆(4 个);2—上载车板;3—电动机(4 个);4—固定杆(2 个);5—底轮与杆连接装置(4 个);
6—轴承轴(4 个);7—导向轨(4 个);8—电动机(2 个);9—蜗轮;10—蜗杆;11—旋转轴;
12—轴承轴(2 个);13—啮合齿轮(2 对);14—地基;15—下载车板;16—传送带

过滑轮滑轨结构保证载车板运动不偏移。

四个支承杆和上载车板固连,滑出滑入时电动机与齿轮配合,它们分别固定在两个后车轮上。电动机正转(反转)带动轮子滚动,从而实现上载车板的滑出(滑进);两对啮合齿轮用来传递力矩并减小电动机的转速,实现停车装置的低速移动。用蜗轮蜗杆配合电动机并与下载车板的两个后车轮连接,通过传动使下载车板沿着导轨低速运动。选取的传动装置结构简单且成本较低、传动性能好。传动装置如图 3 所示。

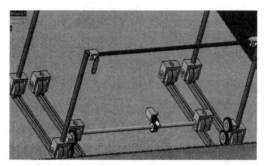

图 3 传动装置

3）机构组成

（1）下载车板的水平移动。

计算好所需蜗轮蜗杆对的传动比，选取合适参数的蜗轮蜗杆构件与下载车板车轮连接，构成蜗轮蜗杆机构。蜗杆电动机转动时其上的蜗杆转动，带动蜗轮转动，蜗轮中心孔与一旋转轴（轴和蜗杆垂直）相连接，轴两端与底板两个轮子相连接，轮子与轮套装置装在底板上。每个轮子装置由两个轮子一个轮罩组成，通过蜗轮传动让后轮转动，通过后轮驱动两个前轮使下载车板移动滑出。利用滑轮滑轨结构（类比地铁车轮轨道设计）来控制装置的移动方向，轮子的运动方向只有一个，使装置保持直线运动。

（2）上载车板的移动。

①上载车板的升降滑动。

四个支承杆顶部分别安装四个电动机（含控制电板），电动机与轴连接，并在轴上打孔。尼龙绳一端与轴相连，另一端与上载车板相连。尼龙绳卷在电动机轴上（类比卷尺原理），使四个电动机实现同步工作。四个电动机正转时将尼龙绳放出，实现上载车板的下降，反转时则将尼龙绳卷起，实现上载车板的上升。为了加大上载车板的强度和安全系数，长度方向上两侧分别安装一根固定杆（用以固定四个电动机）。

②上载车板的滑进滑出。

四个支承杆固连上载车板，控制上载车板的左右滑动。四个支承杆与四个底轮连接装置相连，其中车轮的外侧轮罩两端和顶部中心有孔，左右两端中心孔中安放轴承轴连接齿轮，顶部的中心孔装入支承轴。轴承轴与齿轮连接，齿轮上方啮合一齿轮电动机（含控制电板），通过减小传动速度实现轮子的低速转动，从而通过后轮驱动前轮使上载车板滑出。为了使轮子不偏移，同样在两侧安装两个导向轨。

4）控制原理

电动机控制：利用 Arduino 板输出 PWM 控制信号，调节占空比可实现转速调节，变换直流电动机信号输入端口可实现正反转变换，控制电动机如图 4 所示。由于 Arduino 板输出功率很低，因此还需通过 ULN2003 复合晶体管驱动电动机进行辅助工作。将蜗杆系统固定在底板上，通过蜗轮蜗杆传动带动轮子实现底板的前后移动；上板利用电动机链条装置，通过四个电动机吊扭控制来上下移动；上载车板结构通过电动机加一级齿轮减速装置实现其与四个支承杆整体的移动，即推出和拉回。

图 4　控制电动机

3. 设计计算

下面是主要装置所选参数的计算过程。

(1) 主轴齿轮 9-2A。

齿数 $z=9$；

齿轮轴 2 根；

模数 $m=0.5$ mm；

齿距 $P=\pi m=3.14\times0.5$ mm$=1.57$ mm；

齿顶高 $h_a=m=0.5$ mm；

齿根高 $h_f=1.25m=1.25\times0.5$ mm$=0.625$ mm；

全齿高 $h=h_a+h_f=0.5$ mm$+0.625$ mm$=1.125$ mm；

分度圆直径 $d_1=mz=0.5$ mm$\times9=4.5$ mm；

齿顶圆直径 $d_a=m(z+2)=0.5$ mm$\times(9+2)=5.5$ mm；

齿根圆直径 $d_f=m(z-2.5)=0.5$ mm$\times(9-2.5)=3.25$ mm。

(2) 单层齿轮 30-2A。

齿数 $z=30$；

齿轮轴 2 根；

模数 $m=0.5$ mm；

齿距 $P=\pi m=3.14\times0.5$ mm$=1.57$ mm；

齿顶高 $h_a=m=0.5$ mm；

齿根高 $h_f=1.25m=1.25\times0.5$ mm$=0.625$ mm；

全齿高 $h=h_a+h_f=0.5$ mm$+0.625$ mm$=1.125$ mm；

分度圆直径 $d_2=mz=0.5$ mm$\times30=15$ mm；

齿顶圆直径 $d_a=m(z+2)=0.5$ mm$\times(30+2)=16$ mm；

齿根圆直径 $d_f=m(z-2.5)=0.5$ mm$\times(30-2.5)=13.75$ mm；

中心距 $\alpha=(d_1+d_2)/2=(4.5$ mm$+15$ mm$)/2=9.75$ mm；

传动比 $i=n_1/n_2=z_2/z_1=30/9=10:3$。

(3) 上载车板啮合齿轮齿数计算。

上载车板前后移动距离：$L=76$ mm；

车轮半径 $r=7$ mm；

车轮周长 $c=2\pi r=43.96$ mm；

移动时间 $t=5$ s；

移动速度 $v=L/t=\dfrac{76\text{ mm}}{5\text{ s}}=15.2$ mm/s；

所需转速 $n_1=v/c=0.3458$ r/s$=20.75$ r/min；

实际电动机转速 $n_2=41.5$ r/min；

转速比 $n_1:n_2=1:2$；

传动比 1：2；

齿轮齿数比 2：1。

4. 主要创新点

（1）上载车板的自主移动：通过上载车板的滑出装置实现不需移动下载车板上的车即可停取上载车板上的车，可降低循环移动式大量移动车位消耗的能量。

（2）停车装置的水平放置：装置能很好适应较窄路段的环境，针对一些车辆无法调头的路段，水平靠路装置可通过滑进滑出直接实现车辆停放。

（3）不需特意打造地基，尤其是针对那些需挖地基的上下移动式停车装置，两层移动式停车装置只需在水平路面上安装四个简易导向导轨即可，对地基破坏小。

参 考 文 献

[1] 刘跃南. 机械设计基础[M]. 北京：高等教育出版社，2015.

[2] 高健. 机械优化设计基础[M]. 北京：科学出版社，2000.

[3] 申永胜. 机械原理教程[M]. 北京：清华大学出版社，1999.

[4] 中国重型机械工业协会停车设备管理委员会. 机械式立体停车库[M]. 北京：海洋出版社，2001.

[5] 余锡存，曹国华. 单片机原理及接口技术[M]. 西安：西安电子科技大学，2000.

升降横移式智能立体车库

华东理工大学

设计者:李帆鑫　房杰　李兆进

指导教师:郭慧

1. 设计目的

目前国内立体停车设备以升降横移式立体车库为主,约占总量的84%。它占地面积小,可以最大限度地利用空间,是解决城市用地紧张、缓解停车难问题的一个有效手段。然而传统的升降横移式立体车库大多只有初级的停车功能,处于最原始的使用阶段,它的安装基础、控制系统、安全设施还有待完善和进一步开发。

本作品基于升降横移式立体车库设计主思路,研究如何改进现有的基础结构,优化其控制系统,以降低立体车库设计制造成本,实现使用安全方便的目的,提高其智能化程度等。

本作品的特点主要有以下几点:

(1)进出口分离,降低停车难度系数,缩短车辆出入时间,在避免排队等车的同时提升安全性能。

(2)地上地下双方向设计,规模可大可小,对场地的适应性较强,各部件设计结构简单可靠、成本低、配置灵活、拆卸方便。

(3)为立体车库领域提供一种安全系数更高、可行性更强的小型立体停车库设计方案,进一步缓解小区停车难问题。

2. 工作原理

1)总体框架

本作品设计的是一个四层十车位的升降横移式立体车库,具体结构如图1所示。地面层只能平移,顶层和负一层只能升降,中间层既可平移又可升降。除顶层和负一层外,中间层和地面层都必须预留一个空车位,供进出车升降之用。当要在地面层存取车时,无须移动其他载车板就可直接进出车;当要在中间层、顶层存取车时,先要判断其对应的下方位置是否为空,不为空时要进行相应的平移处理,直到下方位置为空才可进行下降和进出车动作,进出车后托盘再上升回到原位置;对于负一层,则应判断其对应的上方位置是否为空,其余情况类似。运动总原则是升降复位、平移复位。

2)升降装置

如图2所示,在升降装置中,使用的是绳索传动,其升降传动系统由驱动电动机、减速系

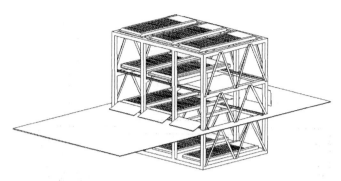

图 1　车库钢架结构

统、滚轴、滑轮、绳索等组成。该升降传动系统中,绳索的主要作用是吊拉载车板上下升降。绳索一端与载车板相连接,另一端缠绕在滚轴上(载车板前后两端绳索必须同方向绕着滚轴转动),滚轴由安装在横梁上的电动机驱动。工作时电动机会通过其正反转来带动滚轴顺时针或逆时针旋转,从而实现载车板的升或降。

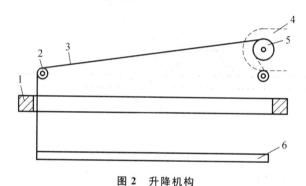

图 2　升降机构

1—横移架;2—定滑轮;3—绳索;4—驱动电动机;5—滚轴;6—载车板

3)横移装置

如图 3 所示,在横移装置中,采用的是同步带传动。该装置由驱动电动机、减速系统、主动轮、从动轮、同步带等组成。在该横移传动系统中,同步带的作用是拖动载车板或横移架(不同层对应的横移结构有所不同)水平移动。同步带与载车板固定连接,同时与主动轮以齿轮齿条方式啮合,主动轮由安装在横梁上的电动机驱动。工作时电动机会通过其正反转来带动主动轮顺时针或逆时针旋转,从而实现载车板的横移。

该设计与传统横移方式(电动机带动链轮使滚轮在轨道上转动来控制载车板横向移动)相比,可有效简化载车板机构,避免因电动机安装带来的运行不便等问题。使用同步带还可以精确地控制载车板横移位置,保证其安全性。

4)安全护板

为了保证车辆安全通过组件间空隙,使载车板顺利进出,采用图 4 所示的安全护板装置。该装置由旋转电动机、传动连杆、安全护板构成。无车辆通过时,护板处于竖直状态,防止车辆及人员误入;当有车辆通行时,旋转电动机带动传动机构使安全护板旋转至水平状态,此时车辆即可安全通行。

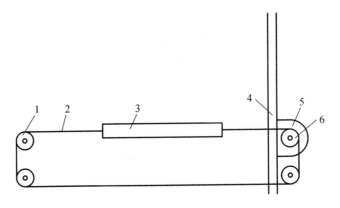

图 3　横移机构

1—从动轮；2—同步带；3—载车板；4—车库框架；5—驱动电动机；6—滚轴

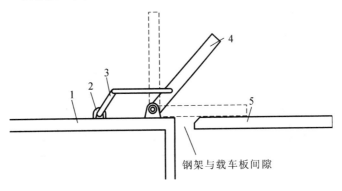

钢架与载车板间隙

图 4　安全护板装置

1—停车平台；2—旋转电动机；3—传动连杆；4—安全护板；5—载车板

5）车库设计安装位置

如图 5 所示，该车库借鉴高速公路服务区的形式，采用单方向进出车辆的停取车方式，即只可从一端进库停车，从另一端取车出库。在车库单向通行方式中，用户全程只需低速驶入车库即可，避免了传统车库倒车入库或倒车出库的麻烦，可以有效地提高停取车效率。

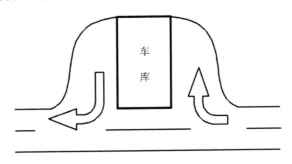

车
库

图 5　车库安装

6）控制系统

在控制方面，主要基于 PLC 进行相关信号的传输，实现对立体车库的智能控制。主控单元的控制对象首先是车库内的横移电动机和升降电动机,控制系统用于控制它们在不同情况下实现正反转;其次是车库内的辅助装置,如安全护板、光电警示装置等。为了保证载车板能横移、升降到预定位置,主要采用限位开关实现信号反馈,具体如图6所示。

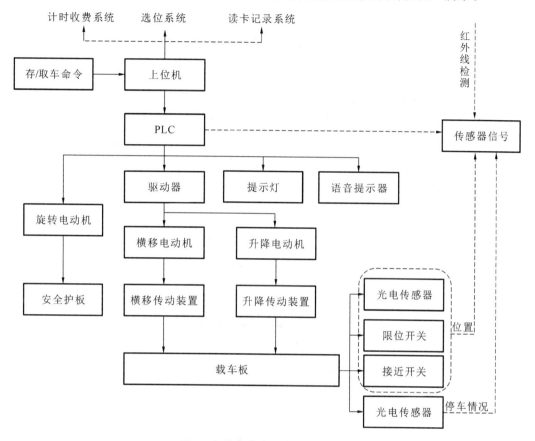

图6　智能立体车库电气控制系统

该车库通过载车板移位的方式产生垂直通道,实现高层车位升降取车,全部逻辑过程均由 PLC 控制,控制流程如图7所示。

最后,运用物联网的思想实现智能控制、机电一体化的设计,通过手机客户端等便捷的方式进行操控。

3. 设计方案

1)载车板尺寸设计

车位的尺寸要求是 5450 mm×2400 mm×1800 mm,载车板的尺寸应略大于这个尺寸,考虑斜坡和给其他零件提供安置平台等因素,载车板的实际长度超过 6000 mm,宽度与车位尺寸保持一致。为方便展示,制作模型时大致按 1：18 比例缩小。

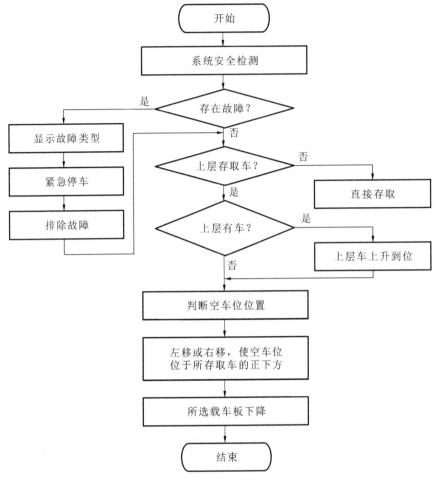

图 7 存取车控制流程

2)车位容量及运动规律

升降横移式立体车库的车位结构为 $N \times M$ 的二维矩阵形式,可设计为多层、多列,按地下一层、地上多层的结构计算车库提供的总车位容量为

$$P = N \times (M-1) + 2 \tag{1}$$

式中:N——二维矩阵的行,即车库的层数;

M——二维矩阵的列,即车库的列数。

由于升降装置及进出车时间的限制,主体车库一般为 2~4 层(国家规定最高为 4 层)。如果要设计一座能提供 10 个车位的四层升降横移式立体车库,由式(1)计算可知,$N=4$,$P=10$,则 $M=3$,即设计 4×3 立体车库完全可满足要求。接下来就以 4×3 地上地下布置的升降横移式智能立体车库为例,介绍其运动规律。

如图 8 所示,数字分别代表车位号,箭头表示该层载车板可运动方向。图中 6、7 号车位可直接存取车;8、9、10 号车位上升到地面层存取车;4、5 号车位通过 6、7 号车位横移出空位后再下降到地面层存取车;1、2、3 号车位需通过 4、5、6、7 号车位横移出空位后下降到地面

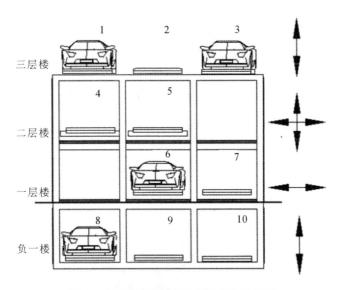

图 8　升降横移式智能立体车库运动规律

层存取车。如需在 2 号车位存取车辆,则 5 号车位向右横移,6 号车位向左横移,2 号车位再下降即可。同样,N 层 M 列的存取车规律都是相同的。

在横移的过程中采用的是模块化控制,即 4、5、6、7 号载车板是可以同时横移的,这样能缩短运行的时间,提高工作效率。

3) 滑轮选择

滑轮用来导向和支承,以改变绳索传递力的方向。该滑轮受载荷比较小,一般制成实体滑轮,材料为铸钢。由绳索的直径 d,按《机械设计手册》可查得与其直径相匹配的滑轮直径 D,可选择一般密封、无内轴套的 E 型滑轮。

4. 主要创新点

(1) 采用地上地下双方向设计,在保持原有停放效率的基础上增加了汽车存放量,大约可使容量提升 43%。

(2) 车架采用常见的工程材料,对机械结构进行模块化设计,便于组合使用,易于安装拆卸和维修,缩短施工周期。

(3) 车库作为车辆临时停放装置,采用单方向通行道,进出口分离,无须倒车入库,降低了停车操作难度,避免出入车辆因避让而产生的拥堵、排队等车等问题,保证停车效率。

(4) 横移运动结构使用同步带轮传导动力,简化载车板结构,保证运行精准到位。

(5) 采用绝缘防水材料外壳保护电气设备,车库上端加装顶棚,减少雨雪天气对机电设备的损坏。

(6) 载车板进出口配备安全护板,通常为竖立状态,防止人员误入,只有在车辆允许进入的条件下转至水平状态,连接地面与载车板,保证车辆顺利进出。

(7) 使用光电传感器检测车辆位置信息,配合报警提示系统指导人员停车操作,保证停车安全。

（8）可在每个载车板上均配备充电桩接口，方便电动汽车充电。

（9）采用连杆式安全挂钩，通过电磁吸力器驱动，智能控制安全挂钩开合，防止载车板坠落。

（10）可配备应急取车供电设备，在电力中断的情况下保证剩余车辆取出工作完成，避免给用户带来麻烦。

5. 作品展示

本设计作品的外形如图 9 所示。

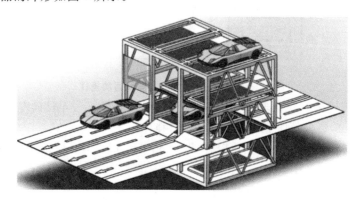

图 9　装置外形

参 考 文 献

［1］门艳忠.机械设计［M］.北京：北京大学出版社，2010.

［2］安琦，王建文.机械设计课程设计［M］.上海：华东理工大学出版社，2012.

［3］濮良贵，陈国定，吴立言.机械设计［M］.9 版.北京：高等教育出版社，2013.

［4］秦曾煌，姜三勇.电工学［M］.7 版.北京：高等教育出版社，2009.

［5］李涛，杨慧.工程材料［M］.北京：化学工业出版社，2013.

双层侧方停车装置

上海理工大学

设计者:王少卿　何俊逸　张云帆　黄俊雄　李红林

指导教师:钱炜

1. 设计目的

如何充分利用城市中的有效空间资源而又不影响车辆的正常行驶和行人的日常出行,是人们近年来特别关心并亟待解决的难题。为适应市场经济的快速发展,满足广大用户对停车空间的迫切需要,我们设计了一种能有效解决这些难题的双层侧方停车装置。

本作品的意义主要有以下几点:

(1)该装置选择最节约空间的侧方停车方式作为小轿车的摆放方向,并分为上下两层。二层车辆停放后会上升至空中,与停放在一层的小轿车上下重叠在一起,增加空间利用率。

(2)停车装置按模块化设计,可组建为拼接式的车库。

(3)车主将小轿车开到装置旁后,通过触摸屏选择一层或二层停车方式,随后便可离开而将剩下的工作全部交给机械自动完成,极大地减少了车主不断倒车对位及取车的时间,免去了手动停车的诸多不便,同时降低了意外剐蹭的可能性。

2. 工作原理

所设计装置的整体结构如图 1 至图 4 所示,装置工作原理如下。

1)一层停车平台

停车装置接收到车主通过触摸屏发来的请求停车信号,若车主选择的是一层,则停车装置的控制系统控制位于一层平台的 42 步进电动机支架上的电动机产生一个逆时针的转矩,使输出轴上的齿轮与安装在底板上的齿条互相啮合实现一层平台的移出。待一层停车平台在电动机作用下到达最大位移点后,电动机停止工作,此时车主就可以将车辆开上一层平台的停车架。当一层平台传感器检测到车辆已停到位时,停车装置的控制系统控制一层平台的 42 步进电动机反向旋转带动平台移回原位,其工作原理与移出时相似。其中,一层平台连杆与一层平台侧台盖板固定在一起,用于提高一层平台的整体刚度。光轴用于连接一层平台两齿轮和联轴器。

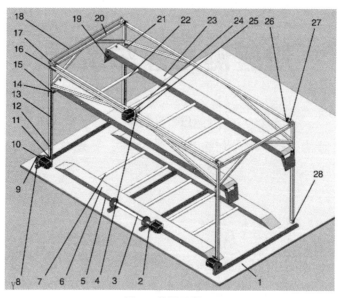

图 1 装置总览图

1—模型底板；2—联轴器；3—光轴；4—蜗轮蜗杆减速器；5——层平台侧台；6——层平台侧台盖板；7——层平台连杆；
8—齿条；9—齿轮；10—42 步进电动机；11—步进电动机支架；12—框架连杆(竖)；13—滑轨；14—滑块；15—动滑轮；
16—框架连杆(长)；17—链轮；18—链条；19—二层平台斜坡；20—框架连杆(短)；21—二层平台锁紧块；22—二层平台连杆；
23—二层平台侧台；24—57 步进电动机；25—蜗杆轴；26—框架收线器；27—立式轴承座；28—框架单向轮

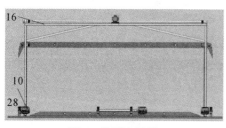

图 2 装置主视图

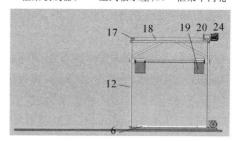

图 3 装置左视图

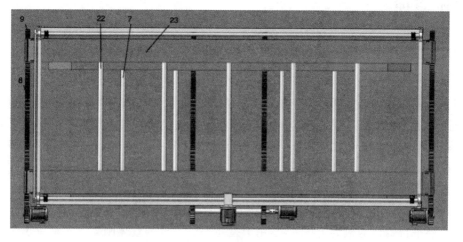

图 4 装置俯视图

2）二层停车平台

当停车装置接收到车主发来的请求停车信号后,若车主选择的是二层,则固定框架和二层平台的具体动作及运动顺序如下。控制系统控制框架单向轮处的 42 步进电动机旋转,以与一层平台运动相同的方式通过齿轮齿条带动二层平台与固定框架一起向外移出。待平台运动到最大位移点后,电动机停止工作,控制系统控制固定在 57 步进电动机支架处的电动机启动。电动机的输出端通过蜗杆轴传递运动给蜗轮蜗杆减速器,再带动框架收线器轴旋转,并将竖直平面内的转矩转化为垂直力矩传递给绳索,通过绳索的收放,使整个二层停车平台下降,待下降到指定位置后,电动机停止工作,等待车辆停放。在传感器检测到车辆停放好,车主离开车辆后,57 步进电动机再次启动,反向输出转矩使二层平台通过绳索上升,具体原理与放下二层停车平台时类似。

本停车装置中,二层平台的动力传输过程中应用到了蜗轮蜗杆,57 步进电动机在启动后首先带动蜗杆旋转,将转矩传递到收线器,并最终通过绳索来控制二层平台的上升和下降。蜗轮蜗杆特有的自锁特性,可以有效防止装置在运作过程中二层平台失稳或因车辆过重造成的在抬升过程中平台下坠,提高了装置的可靠性。

本停车装置中,二层平台的下降与上升采用钢索来实现。经测试,在框架四个角上都布置钢索,由于结构精度的问题以及电动机输出的误差,二层平台在抬升的过程中无法保持水平,四个角的上升速度不一致,容易引起平台倾覆。因此最后在该装置的框架对角线位置上布置了两根钢索。每根钢索的两端以相反的方式缠绕在滚筒上,时刻张紧,确保平台的精确移动。在平台的底面装有滚轮,变滑动为滚动,以减小摩擦阻力。

3. 设计方案

1）连接支承杆

由于左右两块停车板中间的连接稳定件主要是承受单一平面内的弯矩,从节省材料和减轻质量的多方面考虑,采用矩形截面的连接件。

2）电动机选择方案比较

一层平台进出时移动的为轿车和车架,记其质量为 2.5 t,取重力加速度 $g=10$ m/s²,则需要克服的重力为 2.5×10^4 N。查资料得圆柱形车轮的滚动摩擦系数为 0.05,则移动过程中的滚动摩擦力为 1.25×10^3 N,需要移动的距离为 2 m,则需要做 2.5×10^3 J 的功。若需移动的时间为 5 s,则需要 500 W 功率的电动机。因为预计制作 1∶5 的模型,所以模型所需电动机功率为 500 W/125=4 W。为便于模型制作,这个范围内的电动机欲选择额定电压为 12 V 的直流减速电动机。查阅有关厂家提供的参数,考虑各处传动均有机械损耗,直径 36 mm、额定功率为 19 W 的电动机满足该模型的尺寸、功率、设计制作方便等要求。

二层平台进出时移动的为轿车和车架,记其质量为 3 t,取重力加速度 $g=10$ m/s²,则需要克服的重力为 3×10^4 N。查资料得圆柱形车轮的滚动摩擦系数为 0.05,则移动过程中的滚动摩擦力为 1.5×10^3 N,需要移动的距离为 2 m,则需要做 3×10^3 J 的功。若需移动的时间为 5 s,则需要 600 W 功率的电动机。因为预计制作 1 : 5 的模型,所以模型所需电动机功率为 600 W/125＝4.8 W。为便于模型制作,欲选择额定电压为 12 V 的直流减速电动机。查阅有关厂家提供的参数,考虑各处传动均有机械损耗,直径 36 mm、额定功率为 19 W 的电动机满足该模型的尺寸、功率、设计制作方便等要求。

二层平台上下时移动的为轿车和车架,记其质量为 3 t,取重力加速度 $g＝10$ m/s^2,则需要克服的重力为 $3×10^4$ N。平台上下时压力角为零,需要移动的距离为 2 m,则需要做 $6×10^4$ J 的功。若需移动的时间为 30 s,则需要 2000 W 功率的电动机。因为预计制作 1 : 5 的模型,所以模型所需电动机功率为 2000 W/125＝16 W。为便于模型制作,欲选择额定电压为 12 V 的直流减速电动机。查阅有关厂家提供的参数,考虑各处传动均有机械损耗,直径 45 mm、额定功率为 35 W 的电动机满足该模型的尺寸、功率、设计制作方便等要求。

3) 控制方案简介

开关电源通过电线接收 220 V 电压,并输出 12 V 电压,给电动机驱动器供电。单片机控制电动机驱动器发出脉冲给步进电动机,改变电动机的转动方向与转速。经过计算,在平台的平移中,控制电动机每分钟转 8 转,在平台的升降中,控制电动机每分钟转 120 转,通过蜗轮蜗杆减速器减速到每分钟转 6 转。

4. 主要创新点

(1)本停车装置采用机电一体化设计,且在机械结构尺寸上做了最大优化。由于占用空间小,装置对安装空间的要求也符合当前普遍的侧方停车方式。因此,本停车装置既可以摆放在小区原有的停车位上,也可以摆放在规划好的空地上,或用于小区地下停车库,适用范围广,时效性及实用性强。

(2)本实用新型发明是基于车位的堆叠原理:即将车位向空中延伸,使停车所占的面积减少 1/2,同时使车主停车更加便捷、迅速,提高停车效率。该停车装置可首尾连接在一起,相互之间不会有干涉,平台的移动也不会对地面造成损伤。

(3)解决了目前市场上常见的双层停车装置占用空间大,二层车辆移出需要先将一层的车辆移出等步骤复杂的问题。本装置二层平台采用避让式停车方法,二层平台的运动与一层平台以及一层平台上的小轿车不会发生干涉,提高了空间利用率以及停车的效率,可节省车主停车的时间,并解决原本侧方停车方式难以解决的停车间距问题,这很大程度上提升了本停车装置的综合竞争力。

(4)解决了原本侧方停车费时费力还有可能造成车辆擦碰的问题。车主只需在触摸屏上选择一层或二层停车平台,就可以将之后的工作全部交给机器完成,节省了车主寻找车位、开往车位、走出车库的时间,降低人力、时间成本,极大地改善了用户体验。

(5)通过传感器检测机械装置的使用情况来判断其是否存在故障,从而提前给用户相关建议,提高产品的智能化水平,及时通知维护人员保养,以保证用户的使用安全。

(6)二层车辆抬起装置采用动滑轮组,可减小抬升车辆所需的力,降低了对电动机功率的要求,降低了装置的成本。

5.作品展示

本设计作品的外形如图 5 所示。

图 5　装置外形

参 考 文 献

[1] 王新华.机械设计基础[M].北京:化学工业出版社,2011.

[2] 方键.机械结构设计[M].北京:化学工业出版社,2005.

[3] 成大先.机械设计手册[M].5 版.北京:化学工业出版社,2007.

[4] 陈刚,杨国先,兰新武.机电一体化技术[M].2 版.北京:清华大学出版社,2010.

[5] 刘鸿文,林建兴,曹曼玲.材料力学[M].5 版.北京:高等教育出版社,2010.

双层旋转式自行车停车库

同济大学

设计者:段泽宇　张理明　温嘉豪　丁铭奕　郭胜亚

指导教师:卜王辉　孙波

1. 设计目的

近年来我国国内两轮脚踏自行车数量剧增,据有关资料统计,200万人以上的城市,自行车出行量占城市总出行量的36%。然而自行车的高使用量却给其在城市的停放带来了一系列问题,如:停放空间狭小,易破坏自行车外表;自行车乱停乱放,影响市容市貌;停放点监管困难,盗窃频率高等。自行车停车场地的日益缺乏和自行车管理措施的不完善,已经成为急需解决的问题。

双层旋转式自行车停车库的设计,主要针对小区内普通自行车随意停放的问题。该装置在保证自行车停放简单、方便、安全的同时,利用了小区绿化面积,使自行车的停放位置更多,停放更整齐。其主要意义有以下几点:

(1)双层旋转结构,方便停取车。自行车双层旋转式停车库可通过上升装置使自行车停在上下两层,并利用整体转动,让车主只在一个方向上停取自行车。

(2)单元化,易于更换修理。自行车双层旋转式停车库停放和固定自行车的部分可与主体分离,方便出现故障时维修更换。

(3)空间利用率高,不影响绿化。自行车双层旋转式停车库的实际占地区域呈一个半圆形,装置另一半在草坪或花坛上方。因为底板采用的亚克力塑料全透明板,所以不会影响绿化。自行车可停放在装置的上下两层,进一步提高了空间利用率,能达到50%～60%。

(4)电子智能锁,使停车位"一一对应"。在停放自行车后,车主可以通过扫描装置上的二维码,利用手机App进行锁死操作,方便可靠,并且每个停车位与二维码扫描后的手机相对应,防盗性能好。

2. 工作原理

如图1所示,双层旋转式自行车停车库分为上下两层。下层停车装置与中心转筒相连,可依靠牛眼轮在底板上自由转动;上层停车装置与中心套筒连接,可绕中心通过手动转动。其中上层的停车装置依靠内部的气弹簧、滑块、轨道杆的组合结构实现上升下降。

当人用力将上层的停车装置向下拉动时,气弹簧压缩,停车装置随着滑块一起向下运动;下降到下层时,停车装置下方的滑杆碰到凸出的锁死块,并随着斜面不断向后滑动,弹簧不断压缩;当下降到一定高度时,滑杆由于弹簧的回复力向前窜动,并被阶梯面卡住,使得停车装置固定在下层;拉动滑杆尾部的把手,使滑杆离开阶梯面,此时停车装置会因为气弹簧的回复力上升,回到上层位置。

在每个停车装置的尾部,有一个电子锁,车主可以通过手机扫描二维码或者输入对应的锁编号的方式远程操纵,进行"开锁"和"解锁"的动作。

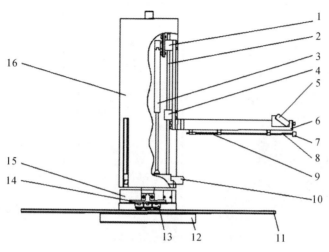

图 1　装置侧视半剖图

1、4—滑块;2—轨道杆;3—气弹簧;5—电子锁;6—上层停车装置;7—把手;8—滑杆;9—弹簧;
10—锁死块;11—底板;12—底座;13—牛眼轮;14—下层停车装置;15—转筒;16—套筒

3. 设计方案

本作品在进行实物模型搭建时,考虑到实际自行车尺寸较大,占用空间较大,不便于搬运拆卸,且耗用经费较多,故采用1∶5的模型。后文所涉及的尺寸参数确定及强度校核中所用数据均为模型数据,自行车模型的主要尺寸参数如图 2 所示。

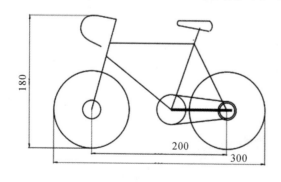

模型比:1:5
轮宽:5 mm
理论质量:5 kg
实际质量:0.5 kg

图 2　自行车模型主要尺寸参数(单位:mm)

1)停车方案设计及方案比较

方案一:自行车竖立装置(见图3),能减少地面空间的占用,有效利用立体空间,能提高近50%的空间利用率。但该装置无法防雨水,并且自行车的长时间竖立也对自行车有损害,所提高的空间利用率也有限。

方案二:大型自行车立体停车库(见图4),通过电子控制实现自行车的升降。比如日本的全自动化自行车地下存放系统,通过利用地下空间,有效减少了地面空间的占用。但这种停车库成本高、结构复杂,短期内在中小型小区难以普及。

 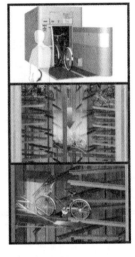 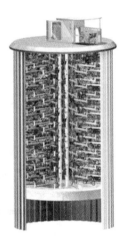

图3 自行车竖立装置　　　　图4 大型自行车立体停车库

通过对市场上现有方案的比较,为了能解决现有小区停车难问题并能使设计的停车装置更快普及,确定了设计自行车停车装置的核心理念:装置简单、成本低,并且能充分提高空间利用率。

最终,本小组采用了自行车双层旋转式停车库这一方案。该方案能充分提高空间利用率,并且升降、旋转、单向锁死等主要功能利用纯机械结构实现,简单可靠、成本低廉。

2)升降装置设计及方案比较

实现自行车的升降功能,首先要满足的前提就是安全,保证自行车在升降过程中不会从装置中跌落。为此必须保证自行车升降过程中的平稳,上升、下降速度不大,并且能维持一个恒定的速度。

要满足上述条件,气弹簧(见图5)具有很显著的优点。气弹簧速度相对缓慢、动态力变化不大、容易控制,能让自行车的升降近乎保持匀速,并且通过计算,能使升降速度维持在一个不大的数值。

图5 气弹簧

双层旋转式自行车停车库

因此，选定气弹簧来实现自行车的升降功能。确定了原理方案后，同时根据先前确定的核心理念，先后设计了几种结构，并进行了比较。

方案一：直接将气弹簧上端与上层停车装置连接，将气弹簧下端固定在上旋转主体上，利用简单的原理实现升降功能。这种装置使气弹簧所受应力过大，会降低其寿命，同时由于没有限位装置，上层停车装置受压力易与气弹簧上端发生相对变形，安全系数低。

方案二：将气弹簧上端与上层停车装置连接，并对上层停车装置增设限位轨道。考虑到需要的轨道长度以及制造成本和精度，本小组决定购买轨道。由于模型尺寸太小，合适的轨道较少，经挑选后，所选轨道如图6、图7所示。图6所示轨道可用作本装置的轨道，但安置该轨道会导致上旋转主体直径变大；图7所示直线导轨也会导致上层停车装置尺寸偏大。

图6　移门轨道

图7　直线导轨

方案三：将气弹簧上端与上层停车装置连接，并对上层停车装置增设限位轨道。受图7所示直线导轨启发，本小组设计的升降装置及限位轨道如图8所示。将气弹簧与圆柱形导轨上端滑块螺纹连接，同时将上层停车装置利用两个滑块与导轨连接，上层停车装置可沿导轨滑动。

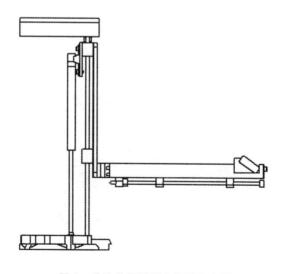

图8　升降装置及限位轨道示意图

通过分析比较,本小组最终采用方案三。该方案增设了限位轨道为气弹簧分担应力,减小了上层停车装置的变形。结合所设计的升降装置,对上层旋转主体采用空心结构,节省材料,减轻装置整体质量,大大降低了装置的成本。

3)单向锁死装置设计

上层停车装置在最高点时,气弹簧处于原长,装置停留在该位置。当压缩气弹簧至使上层停车装置位于最低点时,也需要其能停留在该位置,但此时气弹簧的弹力会使其往上升。为此本小组设计了单向锁死装置,保证上层停车装置能停在最低点,并可控制装置的上升。

具体方案如下:

(1)下降锁死:当按压上层停车装置至最低点时,上升控制杆沿斜面往外移动,压缩弹簧,在通过斜面块(见图9)之后,弹簧的弹力使上升控制杆向内移动,直到弹簧回到原长状态,这时斜面下底面就将杆锁死,上层停车装置停在最低点。

(2)上升控制:当需要上层停车装置上升时,将上升控制杆轻轻向外拉动一小段距离,使其越过斜面块下底面,此时,上层停车装置在气弹簧的弹力作用下上升,上升控制杆也在弹簧作用下回位。此外,本小组在轨道最上端设置了橡胶缓冲块,防止上升到最高点时发生较大冲击,使装置能平稳停在最高点。上层停车装置的部分模型如图10所示。

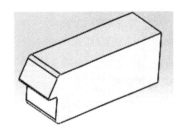 

图9　斜面块　　　　　　　　图10　上层停车装置的部分模型示意图(1)

4)旋转装置设计

为了实现整个装置上层、下层分别旋转的功能,使上主体和下主体能分别绕中心轴旋转,满足装置整体的停车方案,同时考虑到停车过程中造成的径向力和切向力,我们选用了圆锥滚子轴承。根据轴径等参数,最终选定圆锥滚子轴承30305(见图11)。

图11　圆锥滚子轴承

考虑到人手旋转停车盘的便利性,我们为下层停车盘设计了旋转手柄(见图12),可以让人在不弯腰的情况下旋转下层停车盘,更加人性化。而上层旋转装置,在人不弯腰的情况下即可通过旋转上层停车装置使整个上层旋转装置旋转起来,简易、便利。

图12 下层旋转手柄示意图

5)上层停车装置的结构设计

上层停车装置首先要考虑升降、旋转过程中自行车的安全性,保证自行车不从停车装置中跌落;其次,要考虑停车的便利性,使人能轻易地将车停入装置中。

综合考虑后,最终方案如下:

(1)考虑到上层停车装置下降到最低点时会与地面有一小段距离,并且将自行车抬起至这一小段高度的推入装置中并不费力,我们将停车装置设计为槽状(见图13)。在将自行车推入其中时,有停车槽的导向作用,停车轻松、便捷。

图13 上层停车装置的部分模型示意图(2)

(2)为了提高整个上层装置对自行车的限位作用,保护自行车不跌落,同时为了提高整个装置的停车安全性,保护自行车不被盗窃,本小组在导槽后方增设了智能锁,如图14所示。车主通过扫描二维码即可开锁、关锁,便捷、安全,完全符合"智慧家园"的理念。

6)下层停车装置的结构设计

7个下层停车装置安装在下层主体上,一起绕中心轴旋转。下层停车装置需保证在旋转过程中的稳定性,并对自行车有一定的限位作用,以保证自行车安全停放不跌落,同时保证将自行车往装置上停放的便利性。

最终方案如下:

(1)为保证停车装置在旋转中的稳定性,减小下层停车装置与下旋转主体之间的应力,使停车盘能分担一部分力,在停车装置底部安置 3 个万向轮,如图 15 所示,并使其呈三角形排布。

图 14　智能锁　　　　　　　　　图 15　万向轮

(2)为了对自行车有一定的限位作用,设计了停车导槽,使停车更便利,自行车能安全停放不跌落。考虑到下层停车装置不需要升降,跌落出来的可能性较小,加上成本因素,因此模型中的下层停车装置没有安置智能锁。下层停车装置的部分模型如图 16 所示。

图 16　下层停车装置的部分模型示意图

7)保护伞设计

自行车大多因为露天停放、风吹雨淋而加速老化。本双层旋转式自行车停车库为了能让自行车有更佳的"停车体验",延长其使用寿命,在整个停车库顶部增设了保护伞,如图 17 所示,可遮阳、防水,使车主的自行车在本车库中得到更好的保护。

图 17　保护伞实物图

4. 主要创新点

双层旋转式自行车停车库综合考虑小区绿化情况、人机交互性及使用便捷性,利用新型材料,设计过程中引入了氮气弹簧、滑轨结构、轴套机构、旋转机构等多种设计理念,主要创新点如下:

(1)采用创新型的双层圆形设计,以较高的空间利用率解决小区空间利用率差的难题,同时改变传统的堆叠形式,改用旋转式的圆形堆叠,使得小区自行车排布更合理。

(2)采用独特的单元体设计,相比目前紧密堆叠式的停放模式,可实现自行车之间的分散化,取放的自由化、单元体化,从而避免老式停车方式中自行车挂碰的问题。同时单元体设计可以进行零件的标准化生产与装配,从而实现整体装置的互换性。

(3)采用空间分割原理,停车库结构紧凑,极大地提高了空间的利用效率,从而减小了外形体积。此外,内部空间被巧妙地用于氮气弹簧、上升装置的存储,从而使机构具有美观的外形特点。

(4)整体结构采取环境友好型设计理念,采用绿色材料。考虑小区绿化情况,采用透明地板,为装置底部绿化植物提供足够的光照条件,在不破坏侵占绿化面积的前提下进行小区自行车停车状况治理。

(5)整体设计考虑人机交互性,采用氮气弹簧提供上升动力,并利用其提供阻尼,减缓上升速度,防止速度过快对人体的伤害。

5. 作品展示

本设计作品的实物如图 18 所示。

图 18　装置外形

参 考 文 献

[1] 濮良贵,陈国定,吴立言. 机械设计[M]. 9版. 北京:高等教育出版社,2013.

[2] 何铭新,钱可强,徐祖茂. 机械制图[M]. 7版. 北京:高等教育出版社,2016.

[3] 同济大学航空航天与力学学院基础力学教学研究部. 材料力学[M]. 2版. 上海:同济大学出版社,2011.

[4] 王新华. 机械设计基础[M]. 北京:化学工业出版社,2011.

[5] 成大先. 机械设计手册[M]. 5版. 北京:化学工业出版社,2007.

基于 Arduino 的超声波定位二层自行车停车装置

同济大学

设计者:刘树泓　董金虎　黎宇恒　陈哲　罗钧宇

指导教师:周贤德　李梦如

1. 设计目的

自行车属于小型短程载具,在城市部分片区与时间段出现"行车难"问题的今天,自行车这一小型载具的价值重新得到体现。但是在一些使用一楼作为车库且无法进行地下车库建设改造的旧小区,在停放完汽车后,再去停放自行车,空间就显得捉襟见肘。特别是在旧小区原先的规划中,仅考虑了停放少量车辆的情况,在汽车日益增多的情况下,自行车的停放对通行的顺畅就造成了影响。

考虑到这种局促的情况,我们萌生了设计一种自行车停车装置的想法。在地表空间过于局促的情况下,我们把目光放到未曾得到利用的旧小区地面的上层空间,只要把停车位置设在地表的上层空间,即利用汽车停车位上面的空间,就能很好地解决自行车停车难的问题。同时,考虑到老城区旧小区改造难的情况,我们要求设计出的装置结构简单、安装和拆卸方便快捷,以解决老城区的旧小区自行车"停车难"的问题。

2. 工作原理

1)最初方案的选择与确定

最先确定要搭建的模型与实物的比例。经过讨论后确定实物与模型的比例为 10：1,以保证模型不至于太小而设计装配受限,也不至于太大而成本过高,且移动困难。之后,我们定下二层停车这一设计思路。

首先定下的是承载自行车的钢板尺寸,定为 190 mm×100 mm,在此基础上,再定下承载整个抓取、移动装置的停放框架,尺寸为 750 mm×420 mm×200 mm。

定下框架后,经过探讨,决定采用电磁铁吸取停车的钢板,以电动机转动来回收或释放缆绳,进而带动取车部分抬升或下降;而在横向上,在两侧各设置一个电动机以同样的方式来使上层的移动部分做横向的移动,如图 1 所示。

很快,我们发现在横向的移动上,必须加上很长的导向轴来保证运行的稳定,而且在行程内不能增加任何支座。这对轴的受力非常不利,且在刚度上也很难承受。另外就是需要配备两个电动机来完成横向的移动,控制上过于烦琐,且两个电动机成本过高,属于不必要

图 1　方案一示意图

的成本。

2）二代方案

为了解决在横向移动上成本过高，且受力不合理的问题，经过探讨我们决定牺牲一部分空间，在上层做一个小车来控制装置整体的横向移动，如图 2 所示。

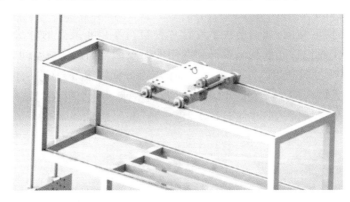

图 2　方案二示意图

继承了一代方案的抬升装置，二代方案在纵向的抬升与下降上使用导向轴来保证运动的稳定看起来没什么问题，但是需要非常长的导向轴。当抬升到最高位置时，在上方很高的一段空间要保证没有东西被轴顶到，而实际上留出这样长的一段空间并不算稳定。另外，仅仅通过两个电磁铁去吸附承载自行车的钢板是很不合理的，因为电磁铁的吸附需要很好的平面度，而且没办法或者很难保证两个电磁铁能够承受另一侧自行车产生的弯矩。

3）三代方案

下面继续更新我们的设计，其基本原理是平行四边形机构，如图 3 和图 4 所示。使用这种机构，在牺牲一定空间的条件下，可保证结构整体的传动平稳。

图3 方案三示意图

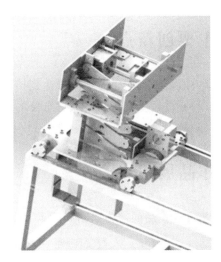

图4 三维模型总成图

3. 设计方案

1)平行四边形机构的设计计算

基于平行四边形机构本身占据高度的考虑,使用 4～5 对 X 形板来完成平行四边形机构的功能。同时,为了保证受力合理,确定两个极限位置分别为 15° 和 60° 角。已知需要抬升 300 mm,假定板件的长度为 L,则净抬升高度(除去板件本身所带来的距离)为

$$L_0 = L \times (\sin60° - \sin15°)$$
$$L' = L_0/n \, (n \, 为选用板件对数)$$

经过测算可知,X 形交错的板件所需的长度约为 100 mm(两转动副的中心距)。定下 X 形交错板件的长度后,后续的尺寸便以此为基础确定。

2)电动机的选用

由于采用了数量较多的金属标准件,整体质量较大,并且为了抬升的平稳,要保证转速不能过高,且扭矩要足够大。普通的步进电动机无法满足设计的需求,经过商讨最终选取方案为:丝杠抬升部分和横向运动部分均采用 42 步进电动机驱动。42 步进电动机是 12 V 直流电动机,电源选用相对方便,控制时需要专用的电动机驱动板,输出的最大扭矩为 0.35 N·m,电动机额定电流为 1.2 A。此电动机的缺点是比较耗电。

3)轮毂的设计与选用

本方案采用型铝搭建。注意到型铝本身带有凹槽的特性,设计中充分利用这一点,选取尺寸合适的法兰轴座来限位,再用塑料挡圈套上法兰轴座充当轮子,同时,在型铝凹槽的一边加上橡胶垫条。这样在保证了摩擦的同时,也可使这个横向平移系统工作时的噪声降到最低程度。

4. 主要创新点

(1)通过平行四边形结构来达到抬升与下降的目的,传动平稳,结构精巧。
(2)通过超声波传感器进行车位的定位,思路新颖,稳定性好,精度高。
(3)基于 Arduino 进行编程控制,方便高效。

5. 作品展示

本设计作品的实物如图 5 所示。

图 5　装置实物图

参 考 文 献

[1] 孙桓,陈作模,葛文杰.机械原理[M].8 版.北京:高等教育出版社,2013.
[2] 濮良贵,陈国定,吴立言.机械设计[M].9 版.北京:高等教育出版社,2013.
[3] 刘青科,李凤平,苏猛,等.画法几何及机械制图[M].沈阳:东北大学出版社,2011.
[4] 王新华.机械设计基础[M].北京:化学工业出版社,2011.

基于多连杆牵连升降及水平旋转的自动立体停车装置

华东理工大学

设计者:郝若夷　陆子民　王琦深　姜龙滨

指导教师:马新玲

1. 设计目的

随着人民生活水平的提高,城市的人口密度及私家车保有量也逐年升高。可是,"有钱买车,无处停车"的尴尬局面随之出现。因此,我们准备设计一款全新的停车装置,这个装置可以在原有的停车位置上再停放一辆车而不影响正常停车,甚至比正常停车还要方便快捷,且结合手机无线操控,可提升车库的交互性、智能性。

本作品的意义主要有以下几点:

(1)有效地扩充了小区内的停车容量,解决了城市小区停车难的问题,服务社会,造福百姓。

(2)装置高度只有两辆车高,不影响楼区布局,而且易于拆卸、安装、移动,相比于建造停车楼或者修建地下停车场能够节省大量的资源。

(3)正常的倒车入库,在转弯时可能会出现与两侧汽车发生磕碰的危险,而本装置可以直接完成车位和车的水平旋转,无须人为操作转弯,降低了停车难度,提高了停车的安全系数。

2. 工作原理

1)立体停车装置机械传动部分的设计

动力传输装置主要与水平旋转机构、连杆抬升机构相配合。停车装置侧面图如图1所示。动力传输装置的主要部件由链轮和链条组成。电动机启动后带动整个机构的运行。整个装置需要为两处提供动力。一处为水平旋转机构(见图2),电动机架(见图3)上的电动机为该机构提供动力。电动机架上的电动机上装有带轮,此带轮作为主动轮,通过皮带带动载车板上作为被动轮的带轮,从而带动载车板转动。车主将车开至载车板上后,该部分机构负责改变车的朝向。另一处为连杆抬升机构,该部分负责将调整好方向的车运输至二层位置。在车库支承机架的上部,固定有另一减速电动机,该电动机通过齿轮将动力传输给与两侧链轮相连的齿轮轴,实现两侧链轮同步转动。链轮及链条如图4所示。当电动机启动后,电动机带动链条转动,两侧链条上均有固定点与多连杆相连,链条带动连杆运动。此处连杆机构是一个四连杆机构,杆与杆之间的连接处并不是单纯的转动副,而是设定了相应的卡位,两杆间的旋转角度被限定在一定范围内,四连杆相互配合,从而保证车辆平稳安全地抬升。

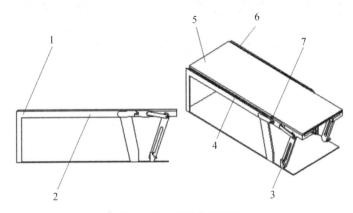

图 1 停车装置的侧面图

1—车库支承机架;2—横梁;3—连杆装置;4—旋转装置;5—载车板;6—电动机架、电动机(未画出);7—链轮、链条

图 2 旋转装置内部结构　　　　**图 3 电动机架**

图 4 支承机架上的减速电动机、齿轮轴、链轮、链条

2)立体停车装置驱动部分的设计

立体停车装置动力驱动部分由负责水平旋转的电动机和负责连杆抬升的减速电动机组

成。两电动机同时与驱动板(见图5)相连,该驱动板可以承载12 V电压,为车库运行提供足够的动力。

图5　L298N驱动板

驱动板在连接两个电动机和电源的同时,与负责控制整个系统的单片机相连。该单片机采用Arduino单片机(见图6),其内存储了预先设计好的代码,并有相关蓝牙模块(见图7)与之相连。代码主要分为电动机控制模块和蓝牙模块两部分。电动机控制模块的功能包括对两电动机的转动的控制,其中包括正转、反转、停止、速度变化和相互配合。相互配合对应了车库以下五种运动状态:①负责水平旋转的电动机正向驱动,负责抬升的减速电动机静止;②负责水平旋转的电动机静止,负责抬升的减速电动机正向驱动;③负责水平旋转的电动机静止,负责抬升的减速电动机反向驱动;④负责水平旋转的电动机反向驱动,负责抬升的减速电动机静止;⑤两电动机同时静止。蓝牙模块包括了接收从手机端发出的信号并将信号写入单片机内,再通过驱动板控制电动机运行这两个过程。图8所示为负责抬升的减速电动机。

图6　Arduino单片机　　　　图7　蓝牙模块　　　　图8　减速电动机

3.设计方案

1)总体设计构想

本装置是含有多连杆机构且可以实现手机无线控制的立体停车装置。多连杆机构的设计使整个停车机构的运动过程与传统停车装置大不相同——本装置先在水平方向将车旋转到与车库停车位置平行的方位,接下来利用多连杆机构将车直接从地面运送到第二层的既定位置。整个运行过程中,原先停放在第一层的车无须移动,且整个过程平稳安全。

2)基本参数确定

该装置做成实际产品后只占用一个标准车位,本次制作的模型装置整体大小为380 mm×180 mm×130 mm,上车板牵连运动的水平移动距离为 330 mm,垂直移动距离为100 mm。

3)传动装置的选择

本装置的牵连运动部分需要保证精确的传动比,保证传动装置可以传递较大的力并且具有较长的使用寿命。皮带因为自身材料原因,会造成与其配套的机械结构更庞大,而且弹性滑动和打滑使效率降低,不能保持准确的传动比。链条传动没有滑动并且结构紧凑,轴上载荷较小,传动效率较高,能在温度高、湿度大的环境中使用。因此,综合考虑,使用链条传动更适合本装置的牵连运动部分。

4)驱动装置选择方案比较(微型直流减速电动机和步进电动机的比较)

本装置要求驱动装置具有体积小、扭矩大、运行平稳的特点,以保证装置能够稳定、高效地运转。两种电动机(见图 9 和图 10)相比,减速电动机价格实惠,且能更好地实现立体停车装置的稳定运行。本装置拟使用 25GA370 型的微型减速电动机,其转速范围为 10～300 r/min,功率为 5 W,电动机尺寸为 25 mm×53 mm,可调速,可以控制正反转。

图 9　微型直流减速电动机　　　　图 10　步进电动机

4. 主要创新点

(1)以往的立体车库在抬升车的过程中,都采用了竖直抬升和水平平移两个过程。本装置是通过多连杆机构一次性较为平缓地实现停取车,高效且平稳。

(2)使用多连杆机构,减少了驱动装置的同时也减少了汽车油耗,大大节省了停车时间。

(3)免去倒车入库的麻烦,停车过程由手机蓝牙控制,车主无须下车控制车库升降,全程可以无线控制。

(4)使用多连杆和链轮机构,单个电动机即可实现停取车的整个过程,减少了驱动电动机的数量。

5. 作品展示

本设计作品的实物如图 11 所示。

图 11　作品微型实物图

参 考 文 献

[1] 程晨.Arduino 开发实战指南[M].北京:机械工业出版社,2012.

[2] 宋运动,张接信,何斌.立体车库概述与发展前景分析[J].起重运输机械,2017
　　(12):63-66.

[3] 刘伟.走进交互设计[M].北京:中国建筑工业出版社,2013.

[4] 王新华.高等机械设计[M].北京:化学工业出版社,2013.

[5] 成大先.机械设计手册[M].5 版.北京:化学工业出版社,2007.

基于"互联网＋"的无避让立体停车装置

上海海洋大学
设计者:张陈妮　黄骞　路鹏飞　陶晟宇　金舟
指导教师:袁军亭　杨琛

1. 设计目的

汽车的普及虽给人们的出行带来很大便利,但随之而来所引发的一系列问题也不容忽视。我国大中型城市的道路以及住宅小区内,车辆占道、非法乱放从而导致的拥堵不堪等现象普遍存在。造成该现象的主要原因是机动车保有量不断提高与停车位严重不足之间的矛盾。目前我国停车位与汽车保有量的比例仅为 1∶5,而停车位和汽车保有量的合理比例应为 1.2∶1,换句话说,我国目前停车位的满足率仅仅只有 20%,停车位严重不足。

本项目提出的立体停车设备旨在不改变停车位基础建设和投入成本少的前提下,利用简单易行的机械机构,使现有车位增加 100%,从而缓解停车难问题。同时该设备提供自动停车、自动计费缴费、自动取车的功能,可方便车主,降低管理成本。另外,配套系统利用物联网技术可实现停车位数据实时监控和车位共享,大幅增加车位利用率。

2. 工作原理

1)无避让立体停车装置的运行过程

该无避让立体停车装置的运行过程设计如下。存车时,车主在停车装置前发出存车指令,立体车库自动进入运行程序:①载车板从初始位置出发,由行走电动机带动链轮链条使载车板和立柱沿轨道缓慢向前移动;②将未承载车辆的载车板移到指定位置,停住;③回转电动机通过齿轮传动系统使立柱逆时针旋转90°带动载车板一起旋转到位;④载车板通过提升电动机带动链轮链条下降至地面;⑤车主将车停在载车板上,熄火、下车,按确认按钮;⑥载车板承载汽车上升到一定高度;⑦立柱带动载车板顺时针旋转90°;⑧载车板、立柱沿轨道在行走电动机的带动下回到起始位置,完成停车。当车主需要取车时,相关动作同存车时一致。

为了完成存车取车这一系列的动作以及完成停车计时缴费、基于物联网的车位共享功能,配套了六大系统,分别为行走系统、回转系统、提升系统、电气控制系统、计时收费系统以及车位共享系统。

2)无避让立体停车装置的六大系统

行走系统由行走电动机带动链条传动,如图1所示,连同固定在链条一端的承载板实现整个无避让立体车库的前后移动,如图 2 所示。

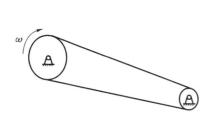

图 1　行走系统示意图

图 2　行走系统实物图

回转系统的主要功能是通过回转电动机驱动齿轮传动,并带动立柱实现载车平台连同车辆围绕立柱中心慢速回转 90°,如图 3 所示。实物加工图如图 4 所示。

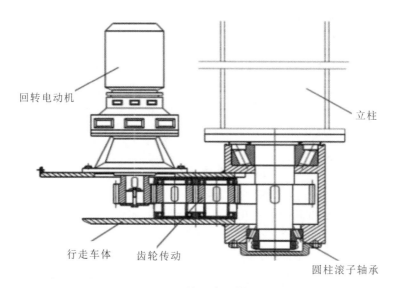

图 3　回转系统示意图

图 4　回转系统实物图

提升系统主要由电动机带动链条,使载车板沿着立柱实现上下升降运动,如图5所示。实物加工图如图6所示。

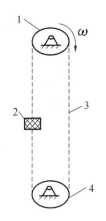

图5 提升系统示意图
1—链轮;2—载车板;3—传动链;4—从动链轮

图6 提升系统实物图

电气控制系统的主要运行方式选择自动运行。当车主按下启动按钮后,立体车库将自动完成升降、回转和行走等动作。车主停车后按下确认按钮,即能使载车板按原路返回,完成停车动作。

硬件配置为:SIEMENS S7-200 PLC、触摸屏、限位开关、继电器、带减速装置的直流电动机(24 V)、直流电源。

软件配置为:STEP7、WinCCflexible 组态王。

用户通过触摸屏选择停车区域和停车车位,单击停车按钮,PLC 内部程序开始执行等待动作指令;PLC 接收到变量值的变化信息,执行程序,实现载车板由初始位置沿轨道向前移动的动作;待载车板移动到轨道前端,触碰到限位开关,与该限位开关相连的 PLC 输入点接收到输入信息,执行下一步程序,同时关闭上一步程序,即载车板停止向前移动,然后执行旋转动作;旋转90°后触碰到限位开关,改变 PLC 输入点信息,停止旋转动作并开始下一步,即载车板开始下降;下降到地面后触碰到限位开关,PLC 输入点信息改变,相应输出点改变,从而改变继电器输入信号,继电器触点动作,即结束当前动作,等待下一步指令。待用户停车完毕并确认停稳后,按下触摸屏上的入库按钮,PLC 输入信息改变,开始执行电动机动作,即所有电动机逆序反转,最终载车板回归初始位置,触碰相应开关,改变输入点信息,进而改变输出点信息,关闭电动机,机械设备停止动作。

计时收费系统是基于组态王设计的,如图7所示,通过组态王与 PLC 的实时通信,读取相关信息或寄存器的值进行计时收费。待用户返回,按下触摸屏上的取车按钮,则提示支付停车费用,并提供支付二维码(具体付款接口另外设计,此处不作详细介绍)。确认付款后,PLC 输入点信息改变,内部程序开始执行,载车板由初始位置前进旋转。下降到地面后,待车主驶离车位,载车板执行相应归位程序,从而实现用户停车入库、付费取车的自动控制。

车位共享系统利用物联网技术实现停车位数据实时监控和车位共享,将空车位信息上传共享平台,增加车位利用率。

图7 计时收费系统

3. 设计方案

1)无避让立体车库总体尺寸设计计算

无避让立体车库主要适用于住宅小区、商业区和写字楼,主要停放车辆类型为轿车,而在此类场所活动的人群普遍生活水平较高,所用轿车类型也以大中型车辆居多,因此选取针对大中型轿车的基本尺寸(车长4.6~4.9 m,车宽1.7~1.9 m,车高1.3~1.6 m,轴距2.7~2.9 m),对无避让立体车库的总体尺寸进行设计。所做的实物模型尺寸就是按照同比例缩小至1/10得到的。

2)提升机构传动系统设计计算

传动系统主要采用整体性能良好、安装配合精度要求不高且使用维护费用较低的链条传动和齿轮传动。提升机构采用链条传动,提升电动机轴端装有链轮,链条一端连接配重,一端连接链条断裂防坠落装置。该装置通过销轴固定在承载板上,滑座连接载车板,这样通过提升电动机带动链轮,链轮带动链条,从而实现载车板的提升动作。提升机构所受的力包括:

(1)重力:$G=mg$。

(2)摩擦阻力:$F_m=Q\times\omega$,其中Q为压轮作用在立柱上的压力,分为两个方向,分别是x方向的Q_x和y方向的Q_y;ω为摩擦阻力系数。

(3)提升机构链条综合受力:$F_{综合}=2\times F_m+G$。

3)回转机构传动系统设计计算

回转机构采用齿轮传动方式,由电动机通过摆线针轮减速机带动小齿轮,从而带动大齿轮和固定在大齿轮轴一端的立柱,完成整个设备的回转运动。为了满足便捷取车的需求,初步设计回转机构的回转角度为90°。

立体停车装置的回转机构由轴、齿轮等零部件组成,立体停车装置回转时需要克服的回转阻力矩T可按下式进行计算:

$$T = T_m + T_f + T_w + T_\Phi$$

式中:T_m——回转支承装置中的摩擦阻力矩;

T_f——坡道阻力矩,立体停车装置在平面上运行,故此处$T_f=0$;

T_{w}——风阻力矩；

T_{Φ}——惯性阻力矩。

4. 主要创新点

(1)存车、取车功能:不改变停车场基础建设,投入成本低;上下层停车无影响;机械结构稳固、安全性高;规模可大可小、实用性强。

(2)计时收费功能:车主自动停车、取车、交费,方便快捷,人工成本低。

(3)停车位数据实时监控和车位共享功能:通过物联网技术,将空车位信息上传到共享平台,增加车位利用率。

5. 作品展示

本设计作品的实物如图8所示。

图8　作品实物图

参 考 文 献

[1] 张露露.无避让立体车库控制系统的研究与设计[D].青岛:山东科技大学,2012.

[2] 韩兵兵,张功学,贾争宪.基于Workbench的立体车库钢架稳定性分析[J].陕西科技大学学报(自然科学版),2013(1):111-114.

[3] 濮良贵,陈国定,吴立言.机械设计[M].9版.北京:高等教育出版社,2013.

[4] 王新华.高等机械设计[M].北京:化学工业出版社,2013.

[5] 闫存富,范彩霞,刘超.一种无避让式小型立体停车装置设计研究[J].制造业自动化,2015,37(18):114-116,152.

摩天轮式自行车停车架

上海电力学院

设计者:万庆　王龙　潘吕晨　唐铭沂　李宁

指导教师:吴炳晖

1.设计目的

骑自行车出行是一种绿色环保的交通方式。自行车作为短距离交通工具,具有方便个人出行、节约购置保养费用、不耗损能源、不产生废气噪声以及方便停放等优点。骑自行车出行具有节能、环保的优势,是城市内部短距离交通发展的重要方向。可自行车使用量的增加,也给其停放带来了一系列的问题,如缺乏停放空间,导致出现乱停乱放的现象,影响市容市貌。自行车停放设施作为城市公共环境设施的重要组成部分,其规划与设计引起了广泛的关注。关注和创新自行车停放设施的设计,将其和城市小区的环境设计、城市其他公共设施设计相结合,既能满足自行车停放的需要,又能和城市环境有机结合,成为城市公共环境的一部分,对城市自行车交通的发展建设具有十分积极的意义。

我国自行车的数量很多,但自行车停放设施和场所还相对比较缺乏,布局比较混乱。部分停车棚过于简陋,缺乏基本的自行车固定设施,很容易造成车辆的无序停放,也容易导致大面积倒车现象;有的缺乏明显标志,容易造成乱停乱放现象。此次我们所设计的摩天轮式自行车停车架,旨在解决城市自行车停放的问题。

本作品的意义主要有以下几点:

(1)停车架充分利用上层空间,放于绿地草坪之上,不影响绿地规划,不仅节省用地,而且具有观赏价值。

(2)能够对自行车的停放起到规范作用。通过程序的控制,圆盘状的摩天轮通过旋转使得自行车主人能够方便存取,并且具有防盗功能,安全可靠,人们可以更加放心地将自行车存于停车架处。

(3)停车架配有雨棚,能够避免大雨冲刷和太阳的直射,对自行车起到保护作用。

2. 工作原理

1)模型构造

停车架的模型外观构造灵感来源于摩天轮,并在其基础上进行改进和进行智能控制,经过我们的创新、加工,最后得出的模型外观构造总体分为如下五大部分。

(1)摩天轮停车架结构。在模型的建立中,摩天轮停车架分为摩天轮圆盘和L形停车架。

随着停放车辆数量的增加,圆盘半径跟着增大,圆盘中间部分更多空白区域被浪费,于是将停放自行车的L形停车架固定于摩天轮圆盘上(即22个L形停车架)。因为自行车车头的宽度约为车尾宽度的2倍,L形停车架的放置不仅可以避免浪费空白区域,还减少了整个停车架宽度的占地面积。固定于圆盘上的L形停车架的最底端将贴近地面,以便于停车取车。

(2)支架。支承摩天轮圆盘的为外部支架装置,采用半封闭式结构。我们设想将其放在草坪之上,支架底部采用镂空结构,不会对草坪有过多挤压。停车架为钢铁框架结构,体现用材少、成本低的特点。

(3)动力结构。由于时段不同,停车架转动也需要不同的驱动力,因此选择不同的电力驱动。在摩天轮圆盘后方安装有电动机,由太阳能或外接电源供电,在没有太阳能供电时使用外接电源。

(4)控制结构。基于单片机的开发,利用了程序点的就近原则,设计一个适合的程序,主要功能为:在需要停车或取车时,选择转动或者不转动;根据空位号选择停车位到达底端;同样可根据收到的停车号相对应的按钮取车;另外,当需要停车或者取车时,自动识别最近位置,旋转到停取位置。

(5)外加结构。将在自行车停车架的顶部雨棚部分装配太阳能光板,在下部安装储蓄电池,电能供给圆盘转动,多余电能可以供给旁边的路灯。

2)停车系统

由于摩天轮式自行车停车架将放置于小区绿化草坪中(支承底座镂空,不会影响植被种植;支承后板面积较大,可投放广告),因此将从停车系统处向外引出一条小径,方便人和自行车进出。

在停车系统与小径交接处的地方安装有一个按钮机器,上面有22个控制停车位的按钮和其他应急按钮,每一个按钮将对应一个停车卡位,按下无车停车卡位按钮,即有对应的停车位沿设计好的程序方向到达最低点。沿这条小径将自行车推到按钮机器处,按下按钮等待停车位到达面前即可。

L形停车架分为竖直滑道和水平滑道(竖直滑道上有上下移动的滑块,水平滑道上有固定的滑块,滑块上有两个感应的气动开关),当自行车推入滑道,车轮碰到竖直滑道的开关,气动夹夹紧轮子,随后移动装置启动,使自行车上升。在此过程中,从动轮会顺着水平滑道滑入,当上升到一定高度,从动轮触碰到水平夹开关,启动气动夹,夹紧轮子,这样就能完成一次自行车的停放。

3)控制系统

对于控制电动机的转动和停止,可采用程序来完成。首先要在摩天轮停车架前设置一个控制面板,上面有所有自行车的序号按钮,有类似数字键盘的控制器和一个回车按钮,还有一个对应的数字按钮。按下回车按钮,电路接通,电动机启动,相对应的自行车就会旋转到最低点,然后稳定地停下,此时电动机断电停止,方便人们取走自行车。其次,自行车旋转的方向也是控制的一大重点。自行车的转向需要一条最优路径,采用if语句,使其自动选择角度小于等于180°的那一侧旋转到最低点。后期可开发手机App,能够从手机上直接操控,省去键盘按钮的设定。

3. 设计方案

1)基本构造尺寸

摩天轮式自行车停车架的整体尺寸为：长 6.15 m、宽 3 m、高 6.625 m,内支架的直径为 4.5 m。实物与所制作模型的比例为 250∶1。

摩天轮式自行车停车架主要分为四大模块:外框架、内支架、电动机和控制系统。内支架采用全铝合金管的框架,在保证强度的同时,质量和成品所需要的材料也会大幅减少。外框架主体采用和内支架相同的铝合金管制作,大面积的地方采用亚克力塑料来遮挡光线,顶棚使用柔性光伏发电板。

2)基本参数确定

经过调查,常见的家用自行车的质量一般为 15～20 kg,在此基础上,轮盘要可容纳 15～25 辆自行车,也就是可承受 225～500 kg 的质量。最后得到两盘间宽度在 1.5～2 m 之间,高度在 6～8 m 之间。综合上述尺寸,制作相应的模型。

4. 主要创新点

(1)此次设计的自行车停车架在一定程度上解决了小区内的自行车停放问题。不用专门开辟出一块地方来放置自行车,也可以将停车架和绿化相结合,使其成为小区的一道风景线。

(2)将横向空间转化为纵向空间,配合总体的设计,可大大提高空间利用率。

(3)L 形停车架中有相应的装置、滑道,让自行车固定更加可靠。

(4)L 形停车架的设计,让停车整齐,取放方便,降低了管理的成本。

(5)自行车的取放由程序控制,方便取车且可减少空间的占用。

(6)停车架的另一边如果放置广告牌,就能取得一定的经济效益。

5. 作品展示

本设计作品的实物如图 1 所示。

图 1　装置外形

参 考 文 献

[1] 张家田,董秀莲.单片机控制系统的设计与调试方法[J].现代电子技术,2002(9):4-7.

[2] 顾杲,沈惠芳.气动夹持台与低压电流互感器检定装置一体化的设计和应用[J].浙江电力,2013(3):29-32.

[3] 王琴,杨连发,张震,等.自行车停放装置的开发应用现状及发展趋势[J].现代机械,2009(5):82-84,95.

[4] 王新华.机械设计基础[M].北京:化学工业出版社,2011.

[5] 吕庸厚,沈爱红.组合机构设计与应用创新[M].北京:机械工业出版社,2008.

摩天轮式自行车停车装置

同济大学

设计者:王雪阳　王立坤　阿斯哈提·别布拉力　黄欢　韩小明

指导教师:李梦如　陈哲

1. 设计目的

众所周知,自行车停车设施是自行车交通体系中的关键节点,其布局规划和设计的科学性关乎自行车交通体系的合理与否。自行车使用群体非常广泛,出行的目的多种多样,如通勤、上学、健身等。然而,随着城市机动化的快速推进,自行车在各种出行方式中所占的比例相较之前持续下滑。而自行车停车问题是导致这一现象产生的诸多原因之一。目前很多城市小区中,存在着空间与设施不足等问题,由此导致的自行车乱停乱放现象,妨碍了人们的出行,也影响了城市的交通秩序和环境美观。

为了解决该问题,我们自主开发并设计了摩天轮式自行车停车装置,并命名为"无敌风火轮",以期实现在提高空间利用率的基础上,安全、便捷地存取自行车。

2. 工作原理

"无敌风火轮"的主体结构是一个由支承件、轮盘、自行车固定器单元构成的旋转结构,其模型如图1所示。

在稳定的落地三角支承上固定有大尺寸高强度的旋转主轴,下方连接尺寸合适的横向稳固支承结构,构成主要支承及主轴结构,提供足够的支承力和稳定的转动环境。

在主轴两侧各有一个独立的承载轮盘。每个单向轮盘以辐条加强性连接结构组成;辐条末端挂有可以用于停放自行车的停放单元,构成完整的承载整体,将自行车的重量相对平均地加载到主轴和支承上面。

以上结构构成主要的承重结构,传动结构设计如下。

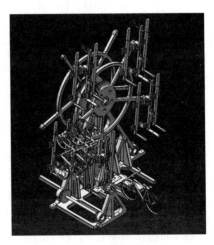

图1　建模图形

在每个承重轮盘内侧,都是一个与之固定的、用于传动的同步带轮,并与主支承上的中转带轮以同步带连接。同轴带轮以同步带连接到轴向传动的副轴上的固定带轮上,以副传动轴经另一级同步带传动连接到整体结构外侧的人工操纵机构上。

在人工操纵机构的手轮上,设置有保证安全的自锁保险装置。通过对手轮的锁定来实现对整个机构的锁定,从而达到使整体结构安全保险的目的。

整体工作过程为:平时保险装置处于锁定状态,将整个机构锁死,使其无法进行任何形式的运动;当需要使用的时候,打开保险来解锁一侧的整个装置;转动手轮来调整主轴轮盘的周转位置,使需要的停车单元到达预定位置;锁紧手轮使机构锁死,进行正常存取活动,随后倒序进行机构复位,完成一次存取过程。

3. 设计方案

1)装置总尺寸

摩天轮式自行车停车装置的高度约为 5.1 m(轮径约为 3.4 m),最大宽度约为 3.5 m,进深尺寸约为 0.2 m,占地面积约为 14.6 m²,如图 2 所示。同样的面积在平地可摆放 15~17 辆自行车,而利用该装置,能够存放 30 辆自行车,适用于轮胎直径为 22 英寸、24 英寸、26 英寸的自行车。

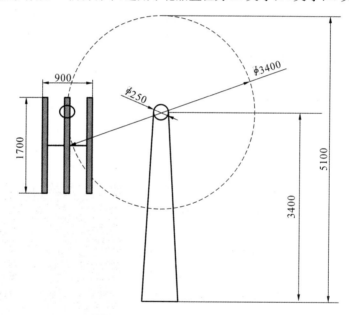

图 2　尺寸示意图(单位:mm)

自行车通过自行车固定器竖直停放,每 3 个自行车固定器组成 1 个单元。一面轮辐有 5 个单元。单元内自行车固定器之间的位置关系如图 3 所示,中间垫高高度约为 13 cm。

为避免单元直接发生干涉,相邻两轮辐外侧端之间的距离应大于单元对角线长,即线段 $ab>cd$,如图 4 所示。

2)传动比计算

该装置采用三级传动,如图 5 至图 9 所示,传动比均为 3:1,总传动比 $i=27:1$,二、三级传动通过轴来实现。

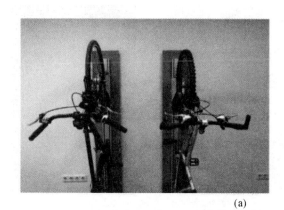

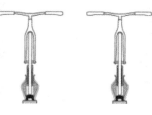

(a)

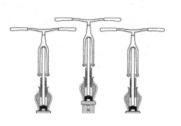

(b)

图 3 自行车停放状态

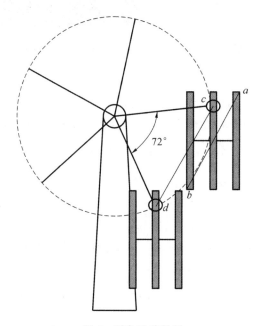

图 4 避免干涉说明

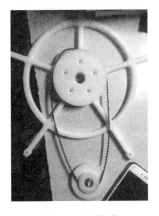

图 5　一级传动

图 6　二级传动

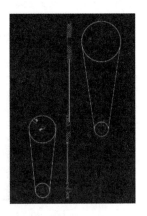

图 7　一、二级传动

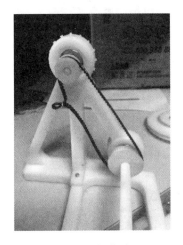

图 8　三级传动

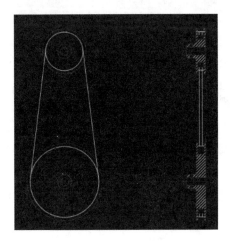

图 9　三级传动 CAD 图

3)手摇力的计算

由于滚动摩阻系数很小,这里只计算匀速转动需要的力。如图 10 所示,一侧最多挂 3 个单元,3 个以上会有力矩抵消的情况。先计算挂满 2 个单元的力矩:

$$M = \frac{m_1}{2}gl\left[\sin\theta + \sin(72° - \theta) - \cos(\theta + 18°) - \cos(54° - \theta) - \sin(\theta - 36°)\right]$$
$$+ m_2 gl\left[\sin\theta + \sin(72° - \theta)\right] \quad (36° \leqslant \theta \leqslant 72°)$$

将 $m_1 = 54$ kg,$m_2 = 78$ kg,$l = 1.7$ m,$g = 9.8$ m/s² ,代入并化简得
$$M = 617.7522\sin\theta + 1234.51\cos\theta$$

M 的最大值为 1361.84 N·m,此时 $\theta = 36°$,对应手轮上的力矩为 $M/12 \approx 113.5$ N·m。

挂满 3 个单元时,如图 11 所示,则

$$M = \frac{m_1}{2}gl\left[\sin\theta + \cos(18° - \theta) + \cos(54° + \theta) - \sin(72° - \theta) - \cos(54° - \theta)\right]$$
$$+ m_2 gl\left[\sin\theta + \cos(18° - \theta) + \cos(54° - \theta)\right] \quad (0 \leqslant \theta \leqslant 36°)$$

代入数据化简得

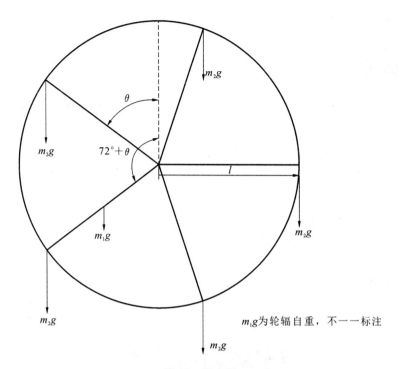

m_1g为轮辐自重，不一一标注

图10　受力图

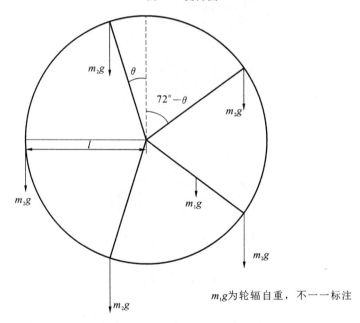

m_1g为轮辐自重，不一一标注

图11　计算说明

$$M = 617.253\sin\theta + 1901.14\cos\theta$$

M 的最大值为 1901.14 N·m，此时 $\theta=0°$，对应手轮上的力矩为

$$M_{手轮} = \frac{M}{i} = \frac{1901.14}{27} \approx 70.41 \text{ N·m}$$

该力矩在一般人的承受范围内。

4. 主要创新点

（1）自行车固定器的轮胎夹板采用圆弧线式凹槽设计，可满足不同型号自行车的停放要求。

（2）棘板与卡扣的结合使得不同型号的自行车均可停放。

（3）主体结构稳定，可解决轴向倾覆问题，以及装置运转时停车单元与其产生冲突的问题。

（4）三级传动设计使得该装置适合人力驱动。

（5）两侧独立的传动使得取车效率提高。

5. 作品展示

本设计作品的实物如图 12 所示。

图 12　主体结构（未放置停放单元）

参 考 文 献

［1］孙桓，陈作模，葛文杰. 机械原理［M］.8 版. 北京：高等教育出版社，2013.

［2］濮良贵，陈国定，吴立言. 机械设计［M］.9 版. 北京：高等教育出版社，2013.

［3］何铭新，钱可强，徐祖茂. 机械制图［M］.7 版. 北京：高等教育出版社，2016.

［4］王新华. 机械设计基础［M］. 北京：化学工业出版社，2011.

［5］成大先. 机械设计手册［M］.5 版. 北京：化学工业出版社，2007.

物联网停车系统

上海电力学院

设计者:赵雨顺　陈龙　王永康　仇桐

指导教师:袁斌霞　曹岚

1. 设计目的

近年来,随着社会经济的发展,居民家庭拥有的私家车数量剧增。与此同时,停车场地的增长却不能与之同步,停车问题日益突显。这一问题在老旧小区内部尤为突出,由此带来停车难、乱停车等问题。为了解决老旧小区停车空间不足、停车混乱的问题,我们设计了停车系统。本作品的主要意义有以下几个方面:

(1)解决老旧小区停车难问题,针对狭窄、固定的小区道路,拓展停车位。

(2)将停车装置与用户进行网络连接,通过无线方式控制车辆的存取,使小区内停车更加智能化、规范化。

(3)司机可在较为安全的情况下停车,有效、合理地减少事故。

(4)减少恶劣天气情况对车辆的影响。

2. 工作原理

停车装置由停车框架、停车运动装置、传感器、停车故障报警装置、手机 App 及后台管理系统组成。

1)停车框架

停车框架置于小区道路的正上方,用于安装停车板、停车运动装置,长、宽、高、停车位数量均可根据小区具体的情况改变,做成单边、双边甚至多边框架,以满足不同的需求。框架结构简单、易安装,不需要很大的工程量即可完成安装,适合在小区里搭建。同时停车框架的底层不安排停车位,且留出较高的空间,满足消防通道的要求;在没有存取车辆时,几乎不影响小区道路的正常通行。停车框架简图如图 1 所示。

2)停车运动装置

(1)竖直升降装置。

如图 2 所示,竖直升降装置的动力源为 42 步进电动机(12),使用皮带(11)传动,通过直线轴承和光轴(10)保持竖直运动,带动升降平台,可以准确控制升降的高度。升降平台分为三层,下层板(1)用来安装步进电动机(12)、连接皮带;中层板(2)由步进电动机带动,实现各

图 1 停车框架简图

个角度的旋转,从而实现多方向停车;上层板(3)由步进电动机(5)带动皮带运动,上方停放
车辆,实现水平运动。

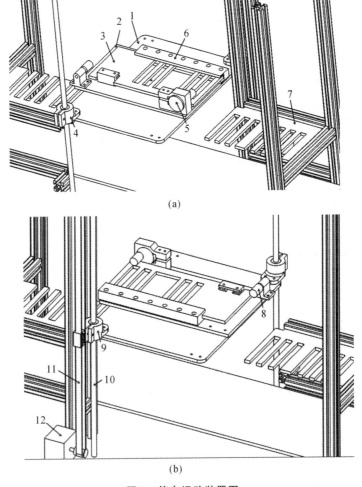

(a)

(b)

图 2 停车运动装置图

1—下层板;2—中层板;3—上层板;4、9—皮带-板连接件;5—步进电动机(4 相 5 线);

6—水平运动轨道;7—停车板;8—同步轮;10—竖直光轴;11—竖直皮带;12—42 步进电动机

皮带与竖直升降平台下层板的一角相连,设计连接件(9)是为了使升降平台保持水平。在光轴顶端设置两个定滑轮,皮带和下层板之间用线(钢缆)连接,增加受力点,保证平台始终不会倾斜。

(2)旋转装置。

动力源为步进电动机(4相5线),旋转装置固定在下层板上,带动中层板转动。在车辆行驶到上层板(3)后,选择停车功能,旋转装置使中、上层板及其配件旋转到指定位置。

(3)水平移动装置。

车辆停放在上层板(3)的梳齿上,动力源为步进电动机(5),通过皮带传动带动上层板(3)移动,同时轨道(6)使板保持水平。当上层板(3)完全伸出时,上层板(3)与停车板(7)之间的梳齿配合,电动机(12)带动竖直升降装置下降适当高度,从而使车辆停在停车板(7)上。取车过程与之相反。

停车运动装置的实物图如图3所示。

图3 停车运动装置实物图

3)传感器及停车故障报警装置

(1)整个停车系统配有温湿度传感器,实时监测附近的温度、湿度。

(2)每个车位都安装火焰报警器和对应的消防系统。

(3)竖直升降装置下方安装人体红外传感器,在系统工作时只要下方有人或动物经过,电动机就会停止工作,保证安全。

(4)在进行存取车动作时,停车装置会在道路上方亮起警示灯,请行人或车辆稍作等待。

4)手机 App、后台管理系统

自主研发手机 App,实现用户与停车系统之间的数据交互。用户可以通过 App 查看附近的停车系统地点、剩余车位数量等信息,并预约车位。当用户将车辆开到停车系统运车板的指定地点后,可以下车,进行一键停车。取车时根据停车时长支付停车费,随后可以一键取车,方便快捷。该 App 还附带停车系统周边功能,如指示传统停车场、加油站、超市、洗车装置等,可拓展与停车配套的其他服务,如图4所示。

小区物业或者其他管理方可以通过系统自动收取停车费,节省人力成本,并可通过后台管理系统管理停车位,实现潮汐式、共享式等模式的停车系统。

图 4　App 界面

3. 设计方案

1) 总体设计构想

项目完成后,预期的经济、社会效益如下。

(1)小区物业参与建设和管理小区内的停车系统,根据小区道路的不同需求进行尺寸整改。在项目初期就对居民出售停车所必需的 App 账号,建设完成之后投入使用,解决了小区内部居民停车难问题。

(2)在小区居民对停车系统利用率不高、停车位过剩的情况下,可向附近没有停车位的车主有偿共享停车位,按时间收费,解决小区周边的停车问题。

(3)对停车系统内的汽车进行保护,保证其不受霜、雪、雨水、冰雹、鸟粪等因素的影响。

(4)该系统占用地表面积较小,且底层道路符合安全通道的要求,可通过消防车、救护车等特种车辆,因此小区道路会较路边停车的时候更加通畅。

(5)可避免因停车空间较狭窄,或驾驶员操作失误产生的不必要的小型事故。

(6)车位情况在网络上一目了然,并可自动定位、预约附近的车位,减少了寻找空车位的时间。

(7)该系统经过改造可以用于公共场所的大型停车场,在不进行大型工程调整的情况下成倍增加停车场的车位数。

(8)合理设置传感器,系统可以更加智能。

2)基本参数确定

根据模型尺寸换算得到实际工程数据如下。

总高:12 m 左右(约四层楼高度);

总宽:7 m 左右(小区道路标准规定:主行车道宽于 9 m,支路宽度一般为 4~6 m);

总长:20 m 左右;

底层高度:4.5 m 左右(消防通道要求 4 m);

停车层高度:2.1 m 左右。

以上参数完全满足家用小汽车的停车空间要求。

4. 主要创新点

(1)将停车机构搭建于小区道路上方,同时不影响道路通车。

(2)工程量小,灵活度高,可根据路况改造,并自定义停车位的数量。

(3)使用梳齿配合结构存取车辆,通过力学仿真实验,可行性高。

(4)手机 App 一键控制,体现物联网思想。

5. 作品展示

本设计作品的实物如图 5 所示。

图 5　装置外形

参 考 文 献

［1］高闯,刘高,党新宇.智能立体停车系统研究与设计[J].电子世界,2017(09)：188-190.

［2］闵锐.曲柄滑块机构实现椭圆轨迹的优化设计[J].甘肃冶金,2010(05)：156-157.

［3］葛红豆.智能停车场系统关键模块研究与设计[D].南京：南京理工大学,2017.

［4］高源.基于物联网的智能停车场系统研究[J].电子技术与软件工程,2017(16)：241-242.

［5］王柏娜.基于物联网的智能停车场系统研究[J].电子测试,2017(17)：83-84.

直立式自行车停车装置

上海理工大学

设计者：杨宁　唐财聪　胡雷　杨嘉伟　潘静娴

指导教师：钱炜

1. 设计目的

　　自行车自从被发明以来，一直是人们重要的交通工具之一。近年来有鉴于机动车尾气对环境所造成的影响，在各级政府、民间机构以及热心厂商的鼎力支持和积极协助下，人们开始以更宽广的视角正视自行车在休闲、健康、环境保护及观光旅游等方面的功能，构建骑车环境、提升骑乘风气，实践自行车新生活，让自行车发挥更大效益。在高度发展的城市中，土地资源极其有限。自行车乱停乱放、失窃等问题，一直困扰着城市发展。自行车成为休闲运动后，多功能与高单价的产品不断推出，自行车停放的问题更加突显。

　　本装置就是一种可以将自行车直立停放以节省空间、实现自行车有序停放的自行车停车装置。

2. 工作原理

1）整体展示

　　直立式自行车停车装置提供了一种简单机械用于自行车竖直停放。如图1所示，本装置主要由前轮固定装置、U型锁解锁装置、升降机构及用于导引前轮固定装置升降的导轨组成。

2）细节说明

　　为了更好地介绍本项目，现结合图2所示的装置示意图来进一步说明。

　　前轮固定装置中，U型锁4用于卡自行车前轮，卡锁板9用于卡U型锁，限位挡板与卡锁板9通过长销连接，限制卡锁板向下转动。将自行车前轮对准U型锁4后向里推，U型锁4顶起卡锁板9，然后卡锁板9卡住U型锁4，进而锁住前轮。U型锁解锁装置中，弹簧13与踏板12连接，用脚踩下踏板后弹簧13的弹力能够使踏板12复位。向下踩踏板，经连杆11传动，推销10向上运动，将卡锁板9顶起，U型锁4解锁，可以顺利取出自行车。升降前轮固定装置的升降机构中，蜗轮蜗杆减速电动机7带动旋转轴6转动，钢丝绳拉动滑块3沿导杆5上升，实现自行车直立放置。用于导引前轮固定装置升降的导杆5由两个SBR箱式滑块导轨组成，导杆一端与下支承板垂直固定连接，另一端与上支承板垂直固定连接。两导轨互相平行，距离固定。两导轨与滑块3配合，实现前轮固定装置的升降运功。

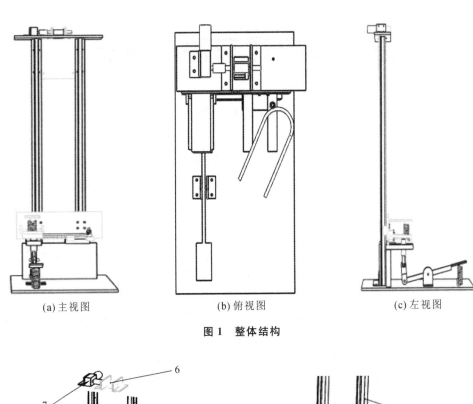

(a) 主视图   (b) 俯视图   (c) 左视图

图 1 整体结构

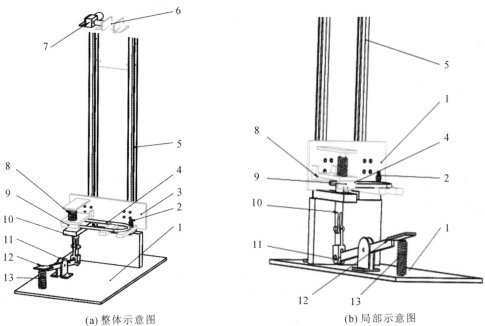

(a) 整体示意图   (b) 局部示意图

图 2 装置示意图

1—底板;2—固定销;3—滑块;4—U 型锁;5—导杆;6—旋转轴;7—电动机;8—弹簧 1;
9—卡锁板;10—推销;11—连杆;12—踏板;13—弹簧 2

3. 设计方案

1) 操作方法

停车时：

(1) 将自行车前轮对准 U 型锁 4, 然后推动自行车向前。

(2) U 型锁被自行车的前轮向前顶, 以固定销 2 为旋转中心旋转, 最终被卡锁板 9 卡住, 同时 U 型锁锁紧前轮。

(3) 由手机蓝牙开启电动机 7, 电动机带动装置顶端的旋转轴 6 转动, 钢丝绳拉动滑块 3 上升, 此时人只需要轻轻扶住自行车即可, 直到将固定好的自行车拉升为竖直状态, 关闭电动机开关, 停车结束。

取车时：

(1) 由手机蓝牙控制电动机反转, 带动装置顶端的旋转轴 6 转动, 钢丝绳伸长, 在自行车自身的重力作用下, 滑块 3 缓慢下降, 直到滑块 3 触碰到下限位开关, 电动机自动关闭。

(2) 脚踩下踏板 12, 经连杆 11 传动, 推销 10 向上运动, 顶起卡锁板 9, U 型锁解锁。

(3) 向后拉动自行车, 取出自行车。

(4) 取出自行车后, U 型锁 4 处于未停车时的状态, 脚松开踏板 12, 在弹簧力的作用下踏板被顶起复位, 经连杆 11 传动, 推销 10 向下运动, 卡锁板 9 同时也在弹簧 8 弹力的作用下被压下, 限位挡板支承住卡锁板, 此时卡锁板 9 处于停车前的水平状态, 整个装置复位。

2) 设计计算

(1) 选取额定电压为 12 V 的直流电动机, 电动机自带蜗轮蜗杆减速器, 减速后转速 $n=120$ r/min, 根据公式 $v=\pi dn$ (根据设计, 旋转轴直径 $d=20$ mm) 计算得出滑块上升速度 $v\approx0.12$ m/s。

(2) 已知滑块 3 沿导杆上升的速度为 0.12 m/s, 自行车重量最大为 150 N, 取传递总效率最小为 80%, 根据公式 $P=F\times v$ 计算得 $P=\dfrac{150\ \text{N}\times0.12\ \text{m/s}}{80\%}=22.5$ W。

因此电动机工作功率最大为 22.5 W, 小于所选取电动机的额定功率, 满足要求。

4. 主要创新点

(1) 本设计应用了演变后的铰链四杆机构——曲柄滑块机构, 该曲柄滑块机构具有结构简单、操作方便的特点。圆柱推销的上下移动能够推动卡锁板转动, 起到了快速解锁的作用, 主要用于自行车取车。

(2) 本设计应用了双导杆机构, 导杆设计为垂直于底板的状态, 滑块 3 通过四个小滑块与导杆连接。滑块 3 上设计有 U 型锁, 滑块在钢丝绳的拉动下带动 U 型锁向上运动。该机构用于将自行车直立放置和取自行车时将车调为水平放置的过程中。

（3）本设计中，前轮固定装置采用了 U 型锁机构，该机构的自锁性能使锁自行车前轮实现了自动化。将自行车前轮对准 U 型锁，然后推动自行车向前，U 型锁即被自行车前轮向前顶，并以固定销为旋转中心旋转，最终卡在卡锁板，从而锁住前轮。只要踩下踏板即可快速解锁取车，整个锁装置也能自动复位。

（4）本设计充分应用了弹簧压缩后能够自动伸长的原理。第一处应用在取车机构的踏板中，踩下踏板弹簧压缩实现 U 型锁解锁，松开踏板弹簧伸长可使踏板复位；第二处应用于卡锁板和弹簧挡板的连接。停车时，U 型锁的挤压使弹簧压缩，弹簧自动伸长后使 U 型锁锁住；取车时，圆柱推销推动卡锁板向上转动，弹簧压缩，轻拉就可以取出自行车，随后弹簧自动伸长使卡锁板复位。

（5）本设计采用手机蓝牙技术，应用物联网概念实现对自行车存取的自动控制。

5. 作品展示

本设计装置的外形如图 3 所示。

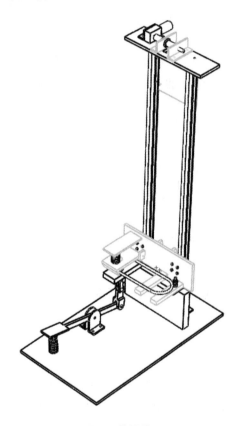

图 3　装置外形

参 考 文 献

[1] 韩建友,邱丽芳.机械原理[M].北京:机械工业出版社,2017.

[2] 杨超君,孟庆梅,张丽.机械原理与设计[M].镇江:江苏大学出版社,2016.

[3] 赵罘,杨晓晋,赵楠,等.SolidWorks2017中文版机械设计从入门到精通[M].北京:
人民邮电出版社,2017.

[4] 卢正,刘磊.一种悬挂式立体自行车停车位的设计[J].机电信息,2017(06):77-78.

[5] 王琴,杨连发,张震,等.自行车停放装置的开发应用现状及发展趋势[J].现代机
械,2009(05):82-84.

智能动平台停车装置

上海建桥学院

设计者:刘颖珊　叶添添　宋立晖　周敏　黄小妍

指导教师:潘铭杰 刘立华

1. 设计目的

随着人们的经济条件越来越好,私家车越来越多,而老旧小区内的停车位往往数量不足,常常导致小区内乱停车的现象。对此我们小组设计了智能动平台停车装置并制作了相应模型。

2. 工作原理

智能动平台停车装置共分为地面和地上两层,包括电动机、载车板、电动丝杠以及控制装置。此装置由钢架组装而成,施工工期较短,耐腐蚀性好,具有良好的稳定性,如图 1 所示。结构设计为单柱形式,方便地面车辆的停放与通行,主体采用槽钢型材制造,轻巧、美观,并可二次拆卸安装,运输方便。

图 1　结构设计图

1)载车板

载车板用来承载存取的车辆,有框架结构和拼板结构两种。如图 2 所示,载车板上有许多间隙,可以夹紧汽车轮胎,增加摩擦力,以保证汽车稳定安全地停在载车板上,防止汽车从载车板上坠落,压坏下层汽车。汽车停放在载车板上。车主通过键盘输入自己的手机号前三位和后四位,每一组号码对应空余停车位相应的一个 ID,输入完成后机械臂托起载车板与上面停放好的汽车,移动到相应的停车位上。车主取车时再次输入此号码,机械臂通过升降平移将车辆从二层停车位上移动至一层地面。

2)传动系统

传动系统分为升降传动机构、横移传动机构和升降横移机构等。传动系统由电动机、减速器、制动器、电动丝杠等组成。电动机选用 42 步进电动机,适用于载车板承载车辆升降平移,其适用的工作温度为 −25～40℃。当汽车停放在载车板上,通过控制装置识别通断后,机械臂直接钻入车辆下面,利用强电磁铁吸附载车板来搬运车辆,使得载车板在升降移动过程中更加安全稳定。机械臂利用电动机提供的动力,将载车板与车辆抬升至二层,再通过丝杠进行平移将载车板与车辆停放在空余车位。车辆完全停稳后,机械臂旋转,通过电动丝杠升降横移复位至基本车位。

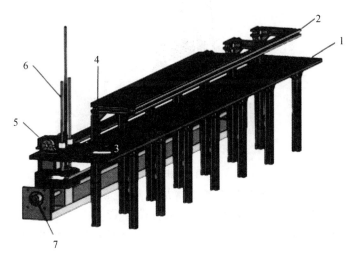

图 2　智能泊车装置

1—地面层;2—停车层;3—机械臂;4—载车板;5—电动机;6、7—电动丝杠

3. 设计方案

1)总体设计构想

停车装置整体结构由一组机械臂、一套框架结构和若干可移动载车板组成,如图 3 所示。

(1)机械臂。

如图 4 所示为机械臂的外形。丝杠滑动模块由轴承、直线导轨、滑台、滚珠丝杠、联轴器和步进电动机组成。控制机械臂左右移动的丝杠滑动模块全长 1700 mm,中间由一根直径为 12 mm 的丝杠和滑台组成,有效行程为 1500 mm。在滑台上安装了另外一套丝杠光杠滑动模块来控制机械臂的上下移动。与上一套的区别是,这里的步进电动机不是由联轴器传

图 3　智能动平台停车装置

图 4　机械臂

动而是由同步带传动的,且在丝杠的基础上增加了两根光杠以增加装置的稳定性。这套丝杠光杠滑动模块的长度为 411 mm,中间由一根直径为 12 mm 的丝杠、两根直径为 8 mm 的光杠和一个移动平面组成,有效行程为 328 mm。两套丝杠滑动模块解决了机械臂的移动问题。

在上下移动的滑动平台上是一套由舵机和一组自制的承重抓钩组成的机械爪。舵机为 20 kg · cm 的大扭力舵机,其参数如表 1 所示。

表 1　舵机参数表

项目	质量	速度	堵转扭矩	工作电压	额定电压	空载电流
参数	65 g	0.16 s/60°(7.4 V)	20 kg · cm (6.6 V)	6～7.4 V	6 V	100 mA

选用大扭力的舵机是因为抓钩需要能够将模型小车完全托举起来。自制的金属抓钩目前使用的是普通的钢板,因为模型车辆并不算太重。为了能够在现实生活中使用,我们以 7 t 的小车为例,模型机械臂 $b=20$ mm,$h=3.5$ mm,$L=111$ mm,模型比例为 1 : 32,由计算公式 $\sigma=M_z/W_z=FL/(bh^2/6)=(7000\times9.8/2)\times(111\times32)/[20\times32\times(3.5\times32)^2/6]\approx92$(MPa),对照材料许用应力表,最终我们找到的合适钢材型号为 16MnR,其厚度为 112 mm。

(2)框架结构。

整套框架结构由 2020 铝合金材料和若干支承用配件组成,如图 5 所示。

图 5 框架结构

整套框架结构全长 1700 mm、宽 125 mm,从汽车停放面起高为 100 mm。上方停车位设置 6 个,下方停车位设置 4 个。下方车位设置少用于预留空间,让机械臂可以顺利地将车辆移至平台上方。

(3)载车板。

可移动载车板为 3D 打印机完成的打印部件,载车板如图 6 和图 7 所示。

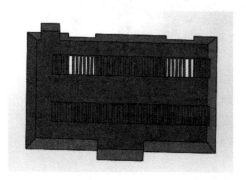

图 6 载车板正面

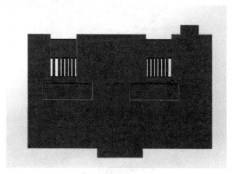

图 7 载车板背面

载车板正面的凸起是为了契合框架结构的小卡扣,用来固定载车板,防止载车板在框架结构上移动。正面的网格状结构用于防止小车停到载车板上后,在机械臂移动的过程中滑动,此外网状结构上以模型小车的 4 个轮胎为基准设置了 4 个凹槽,让小车停放完成后更加安全。载车板背面的凹槽可以与机械臂的抓钩完全契合,防止载车板在机械臂移动的过程中滑动。

2)机械臂传动比较

由于装置要求精度高、负载能力大和免维护,因此最终决定使用丝杠传动。

4. 主要创新点

(1)解决了老旧小区内路边乱停车问题:通过框架结构来合理规划路边停车点,使路边停车点的面积得到更合理且高效的利用,增加了停车位数量;修建时不需设置坡道,节省了空间,操作方便。

(2)停车安全智能:当汽车停放在载车板上,通过控制装置识别通断后,机械臂直接钻入车辆下面,利用强电磁铁吸附载车板来搬运车辆,使得载车板在升降移动过程中更加安全稳定,减小了设备运行产生的噪声。

（3）在载车板的一边有一个折叠的雨棚,当车停放完成后雨棚自动放下,可以为汽车遮阳挡雨,免去用户盖车罩的时间。

5. 作品展示

本设计作品的外形如图 8 所示。

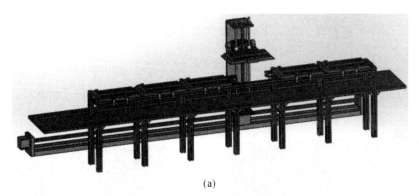

(a)

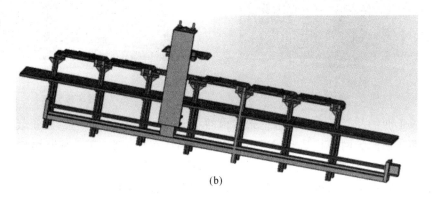

(b)

图 8　装置外形

参 考 文 献

［1］杨波.立体式停车场建筑方案设计研究［J］.建材与装饰,2018(05):111.

［2］周前峰.浅谈智能停车场管理系统设计［J］.中国公共安全,2016(16):77-78.

［3］陈欣.智能停车场管理系统的设计方案研究［J］.无线互联科技,2016(21):128-129.

［4］王新华.机械设计基础［M］.北京:化学工业出版社,2011.

［5］成大先.机械设计手册［M］.5 版.北京:化学工业出版社,2007.

智能升降横移式非机动车立体车库

上海工程技术大学

设计者:薛颂　周一杰　梁婷　唐巧兴

指导教师:赵春花　张春燕

1. 设计目的

中国拥有全世界数量最多的自行车,被称为世界自行车王国。在我国自行车作为绿色环保的交通工具一直深受人们的喜爱,但现在自行车在使用中存在很多问题,包括停放杂乱影响市容、停车占地面积大堵塞道路等。

为了解决自行车停放的诸多问题,我们设计了一款智能升降横移式非机动车立体车库。本作品的意义主要有以下几点:

(1)使小区更加整洁方便、环保绿色,解决小区自行车停放中的一些管理和占地问题,节省了人力物力。

(2)通过立体式的停车系统,不仅可以解决小区自行车的停放问题,也可以美化小区,增加小区的绿化带,扩宽小区的道路。

(3)将自行车停在车库内部也可以对自行车起到保护作用,减缓折旧,还能激励居民骑自行车出行。

2. 工作原理

1)实现垂直运输的装置

立体车库模型如图 1 所示,在垂直方向上采用模拟电梯升降工作原理的方法实现非机动车的运输。这部分装置由载拖、对重装置、信号操作系统、曳引系统、电气控制系统、安全保护系统、垂直导向系统、重量平衡系统组成。采用钢丝绳摩擦传动,钢丝绳绕过曳引轮,两端分别连接 U 型架和平衡重,电动机驱动曳引轮使 U 型架升降,实现 U 型架和对重的升降运动,达到运输目的。

(1)载拖是运送非机动车的组件,是运输的工作部分,包括载拖体和载重移动插块。

(2)曳引系统主要由曳引机、钢丝绳、导向轮、反绳轮组成,它的主要功能是输出与传递动力,进行垂直升降运输。

(3)电气控制系统主要由操纵装置、位置显示装置、控制屏(柜)、平层装置、选层器等组成,其主要功能是对垂直运行实行操纵和控制。

(4)为了保证立体停车库安全使用,防止一切危及人身安全的事故发生,需要设置安全保护系统,它由限速器、安全钳、夹绳器、缓冲器、安全触板、超载限制装置、限位开关装置组成。

(5)垂直导向系统主要由导轨、导靴和导轨架组成,其主要功能是限制载拖和对重的活动自由度,使载拖和对重只能沿着导轨做升降运动。

(6)重量平衡系统在运输工作中能使载拖与对重间的重量差保持在限额之内,保证运输的曳引传动正常,系统主要由对重和重量补偿装置组成。

(7)信号操作系统基于 Arduino 算法控制,实现系统对垂直运输位置的智能选择。

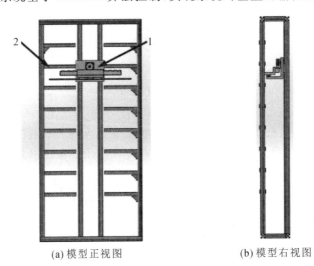

(a) 模型正视图　　　　　　　　　(b) 模型右视图

图 1　立体车库模型

1—垂直升降平台;2—U 型架

2)实现水平运输的装置

如图 2 所示,水平方向还需要一个电动机提供动力使载重插块进行左右移动,装置由 U 型架、水平导向系统、信号操作系统组成。整个传动系统主要通过齿轮和齿条的配合进行升降平台的左右移动,完成向 U 型槽中插入移动插块(存车)、移出移动插块(取车)的动作,同时以导轨槽为牵引完成存取车动作。

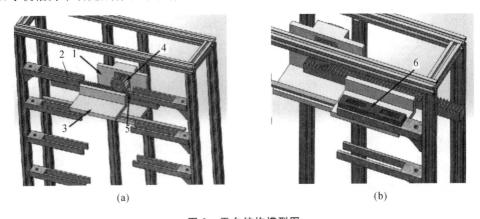

(a)　　　　　　　　　　　　　　(b)

图 2　平台结构模型图

1—垂直升降平台;2—U 型架;3—齿条;4—电动机;5—水平运输平台;6—移动插块

水平运输平台上的电动机开始工作,拖动板实现左右移动,进入固定的 U 型槽后,上下移动的垂直升降平台下移,移动板与水平运输平台分开,并进入固定的 U 型槽内,实现存车。

3）实现非机动车固定的装置

为了满足不同种类非机动车的固定需求,从寻找共同点的方向思考,设计一个长方形块,其中有两个轮胎插口槽,深度为 30 cm 左右,用于固定非机动车。

3. 设计方案

1）总体设计构想

现有老式小区存在非机动车停放杂乱、破坏绿化带、占地面积大、堵塞道路、取用不便、长期暴晒雨淋等问题,加之城区紧张的土地现状,使用空地建造车库已经不太现实,于是设想建立一个依附于现有高楼的非机动车停车系统。该系统装置在原有楼房的侧面依势扩建,利用传感器及机电一体化技术,通过一块自带移动板及其上的两个卡槽来固定非机动车,采用电梯式运输平台进行上下移动,并且通过齿轮齿条控制运输平台的水平移动,实现非机动车的精确停放。该装置具有存取车快捷方便、节约存放空间等特点,既可改善市容,又可保护绿化。

2）基本参数确定

考虑到装置本身占地面积应尽量小,又要保证有足够的空间来实现精确停放非机动车的功能,在 1:15 的模型中,设定其高度为 1020 mm,宽度为 500 mm,厚度为 130 mm。为保证车辆正常停放,每辆车上下间距为 120 mm。

3）传送工具选择方案比较

由于本作品是高楼侧壁的立体停车库,电动机需要长距离地带动各个部分工作,于是制订了以下两种方案。

方案一:电动机带动绳索来运行装置。优点:绳的成本和体积远小于带的,结构简单,成本低,尤其是传递超大功率时更显优越;低噪声、高刚度、小惯量;维护费用较低;抗拉强度高。缺点是钢丝打滑,不防水。

方案二:电动机带动传送带来运行装置。优点:长距离传动比绳索平稳、缓冲吸振、结构简单、成本低、使用维护方便、运转噪声很低。缺点:传动比不准确、带的寿命短、轴上载荷较大。

两种方案相比较,选择方案二。

4. 主要创新点

本项目的创新点在于,该车库依附于现有高楼墙面,既可避免占用小区的绿化面积,又可避免和现今小区中常见的地下车库产生冲突,实现空间高效利用。本项目的难点在于,仅用一块移动插块实现各种结构和尺寸的非机动车稳定停放,需要对移动插块的结构进行深入研究。

5. 作品展示

本设计作品的外形如图 3 所示。

图 3　装置外形

参 考 文 献

[1] 吴何畏,付启胜,刘海生.基于 PLC 的电梯控制系统的设计[J].机电产品开发与创新,2006,19(03):131-133.

[2] 彭文竹,吴亚建,王钦,等.基于 MATLAB 的电路分析仿真实验研究[J].曲靖师范学院学报,2017,36(03):16-22.

[3] 郑敏玉,邱乐路.滚动轴承固定装置结构新设计[J].土木建筑与环境工程,1998(02):100-101.

[4] 张哲玮,赵世英,杨雅君,等.固定桩式公共自行车站点的立体车库设计[J].科技视界,2017(31):20,34.

[5] 刘俊,刘同山,张东平,等.自动存取地下回转式立体自行车库系统设计[J].科技创新与应用,2013(10):10-11.

自行车智能存取立体停车库

上海建桥学院
设计者:倪俊　蒋铅　李宇杰　刘俊呈　栾雪
指导教师:魏苏宁　李晶

1. 设计目的

当今世界环境污染问题越来越受到人们关注,发展自行车出行等绿色交通出行方式,减少汽车等交通工具对燃油的消耗已成为环保的主题之一。因此,设计一种智能化的自行车停车场,解决自行车数量增加带来的一系列问题,对自行车出行具有巨大的推动意义。

自行车智能存取立体停车库是一种新型智能化的多层立体车库结构,通过它可以稳定、可靠、快速地进行自行车的自动存取。相对于传统的露天自行车停车场,本设计装置首先可以有效地节约空间,其次因为具有一定的智能,所以可以大大降低人工管理的成本,再次,由于其具有封闭的设计,因此可以大大减少风吹日晒等环境因素对自行车的损坏,同时也可大大降低自行车被盗的风险。

2. 工作原理

1)可编程控制器的选型介绍

整个自行车智能存取系统由一台可编程控制器(PLC)进行控制,通过 PLC 控制气爪、升降平台与旋转平台的动作来完成对自行车的存取操作。在本次设计中,输入信号有 10 个,输出信号有 13 个。因为使用步进电动机,共 3 组 4 台步进电动机作为驱动源,所以需要 3 个高速脉冲输出口,故本次设计选用型号为 FX3U-48MT 的 PLC。

2)驱动器选型介绍

设计方案的运动系统中,有来自三个方向的自由度的运动,每个方向最少需要用到一个动力源加以驱动,考虑设计的便携性和系统的稳定性,在动力方面选择使用两相四线的 42 步进电动机配合专用的 TB6560 步进电动机驱动器,构成稳定的控制系统。TB6560 步进电动机驱动器是一款具有高稳定性、可靠性和抗干扰性的经济型步进电动机驱动器,适用于各种工业控制环境。该驱动器主要用于驱动 35、39、42、57 型 4、6、8 线两相混合式步进电动机,其细分数有 4 种,最大 16 细分;其驱动电流范围为 0.3～3 A,输出电流共有 14 挡,电流的分辨力约为 0.2 A;具有低压关断、过流保护和过热停车功能。

TB6560 驱动器采用差分式接口电路,可适用于差分信号,单端共阴及共阳等接口,通过高速光耦进行隔离,允许接收长线驱动器、集电极开路和 PNP 输出电路的信号。在环境恶劣的场合,推荐用长线驱动器电路,抗干扰能力强。

有计算公式如下:

$$p = \frac{360^{\circ}}{\Phi} \cdot b \cdot D / \frac{d}{\mathrm{rid}}$$

式中:p——需要转动的距离;

$\quad\quad \Phi$——步进电动机的步距角,即每走一步转动的角度;

$\quad\quad b$——设置的细分数;

$\quad\quad D$——电动机需要运动的距离;

$\quad\quad \frac{d}{\mathrm{rid}}$——每转过一圈所运动的距离。

根据这个公式,可求得任意距离所对应的脉冲数。

3) 系统工作原理

当车主存车时,把自行车停在地面上的指定位置,然后点击触摸屏,选择要进行的操作。存车时,根据触摸屏上显示的空闲车位选择停车的位置,确认后,系统根据所选车位自动设定好参数。首先将气爪伸出,到位后卡爪夹紧,将自行车拖到中间升降平台上,平台下降到旋转位置,旋转电动机启动,将平台旋转到所选车位的上方;然后升降电动机再一次启动,将平台下降至车位所在平面,平台电动机将自行车推至停车位,松开卡爪,使自行车停在车位上;最后卡爪缩回,平台按原路返回,等待下一次指令。完成一次存车指令后,触摸屏上开始记录停车时间和费用,同时输出一组取车码。

当车主取车时,通过触摸屏点击取车按钮,然后输入取车码,系统自动判定所取车的车位信息。首先升降电动机动作,使升降平台先运动到旋转位置,旋转电动机启动,将平台旋转到所取车位上方;升降电动机再次启动,将平台下降到车所在车位的平面,平台电动机启动,将卡爪伸出到位,夹紧自行车并将其拖至升降平台,升降平台按原路返回到初始位置。到位后,平台电动机再次启动,将自行车从升降平台推出至地面指定位置,卡爪松开并缩回。此时完成一次取车操作,同时触摸屏上显示取车完成,并停止计时,计算出停车费用。

系统的功能设计流程如图 1 所示。

3. 设计方案

本方案设计的装置模型(见图 2 和图 3)采用的比例大约是 1:6,采用的自行车(见图 4)也是 1:6 的模型。

1) 框架的选择

选用的外部结构框架是 2020 铝型材,平台使用的是亚克力板。2020 铝型材主要适用于与轻型结构的框架组合,例如机罩、仪器机架、展示栏等,是工业框架领域常用的铝型材之一,其槽宽为 6 mm,表面经过阳极氧化银白处理(喷砂白和光亮白),美观大方。这款铝型材通常采用 20 系列 M5(多数)或 M4 专用 T 形螺母与内六角内部连接。而亚克力板的特

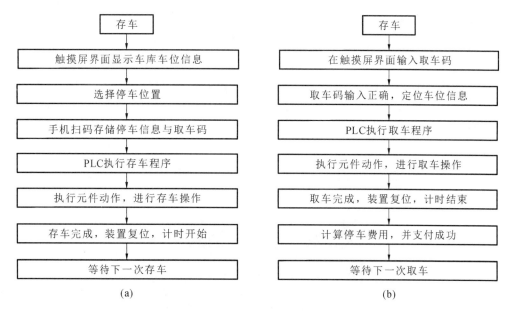

(a)

(b)

图1 功能设计流程图

点是适应性非常好,对自然环境的适应性很强。即使长时间日光照射、风吹雨淋,其性能也不会发生改变,抗老化性能好,在室外也能安心使用。

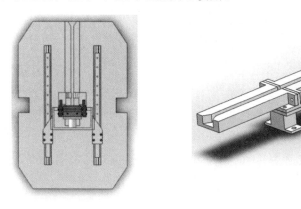

图2 装置1

图3 装置2

图4 自行车模型

2）电动机的选择

根据移动装置传递的扭矩较大、皮带转动的转速较高的特点，选取了两种电动机。第一种是普通的 42 步进电动机，用于气爪的移动、升降平台的升降和横向移动。42 步进电动机适用于需要精确定位的场合，性能稳定、噪声低，且扭矩大、转速较高。第二种则是带有行星减速器的步进电动机，考虑到抓取平台的重量，选择公称减速比为 14 的二级减速器。

3）移动装置的设计

移动装置（见图 5）均以线轨上装带轮为主，还包括直线滑轨，其优点为：滑动接触可使启动摩擦阻力及动摩擦阻力极小；负荷增大时摩擦系数无明显变化，因此重负荷下，摩擦系数极小，并且精度长期保持不变，可保证机械使用寿命。

图 5　移动装置

4）车架的设计

考虑到车辆动作会有抖动情况，停车位上专门设计了后轮固定装置和车槽，可有效地将车辆卡至车架的中间，使车辆的轮胎与车架的接触面积变大，且抬升机构与此结构互补，可以将车辆抬起而不伤害车身等部位，如图 6 所示。

5）气爪的选择

选用的气爪是阔型气动手指 MHL-10D，其尺寸符合抓取自行车的要求，如图 7 所示。

图 6　后轮固定装置

图 7　阔型气动手指 MHL-10D

4. 主要创新点

(1)采用立体回转式结构,可做地上与地下两种,具有很大的灵活性,对场地要求不高,且能节约空间。

(2)采用智能化控制,可实现存取车的自动化与收费管理自动化功能。

(3)利用气爪作为抓取机构,动作原理简单,容易实现。

(4)采取智能化操作方式,简单易懂,一键扫码取车,方便快捷。

5. 作品展示

本设计作品的外形如图 8 所示。

图 8　装置外形

参 考 文 献

[1]马幼捷,张海涛,邵保福,等.电子智能化立体车库的研究现状与走向[J].电气自动
　　化,2008,30(05):3-6.

[2]刘俊,刘同山,张东平,等.自动存取地下回转式立体自行车库系统设计[J].科技创
　　新与应用,2013(10):10-11.

[3]陈良顺.基于 PLC 的地下智能立体车库控制系统设计[J].闽西职业技术学院学
　　报,2013,15(01):92-98.

[4]李由,沈晶晶,胡佩,等.多用途集装箱公共自行车存取车库的设计[J].台州学院学
　　报,2013(06):44-45,55.

[5]王琴,杨连发,张震,等.自行车停放装置的开发应用现状及发展趋势[J].现代机
　　械,2009(05):82-84,95.

智能停车辅助装置

华东理工大学

设计者：苏韧波　蔡文韬　周相阳　王紫阳

指导教师：马新玲

1. 设计目的

随着社会经济的发展，城市车辆保有量与日俱增，各地都出现了停车难的问题，特别是老城区和老小区，原来规划时没有考虑到车辆的停放问题，使得停车难这一问题越发严重。针对此现象，我们小组设计了一种可以解决老旧小区停车难问题并且不带来高额成本的智能停车辅助装置。

本设计的优势主要有以下几点：

(1)成本较低，相比于常见的立体停车装置具有更强的市场竞争力。

(2)体积小巧，安装维护方便，便于迁移和替换。

(3)装置整体封装，无暴露机械结构，安全美观。

(4)运行平稳，无噪声污染，适合小区的安装使用。

(5)智能辅助停车，降低操作难度，避免车辆剐蹭。

2. 工作原理

1)运行流程

如图1所示，未激活的装置停在车位内(状态1)；车主想要停车时，应用手机App发送停车指令激活指定车位的装置，装置随后从车位旋转偏出，并通过红外线装置实时捕捉车头位置使其对准车头，便于车主将车驶入停车装置(状态2)；车主将车平稳停在装置上后，发送指令使装置回到车位(状态3、4)；车主取车时，上车后用手机App发送取车指令激活装置，装置上的传感器探测后方有无车辆驶来，确认安全后，装置从车位旋转偏出，到达指定的角度后，车主驾车离开(状态5、6)；车主将车驶离装置后，装置自动回到车位内(状态1)。

2)特点分析

装置运行过程中不会与前后装置发生碰撞，理论上可以无间隙安装。而装置的长度略大于车长，故车辆在装置上时不会与前后车辆碰撞。通过这样的方式，将车主停车所需空间长度缩减至将近一个车长的长度，从而提高了空间利用率。

同时，位于装置上的智能化模块大大降低了停车的操作难度，有效避免了车辆间的碰撞

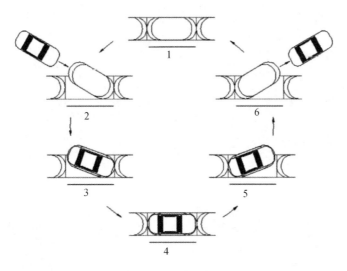

图 1　运行流程示意图

与剐蹭,减少了不必要的损失。

3)内部结构

智能停车辅助装置包括旋转驱动装置、导向支承装置、定心锁定装置及控制电路模块。

(1)旋转驱动装置(见图 2)包括电动机和驱动轮。电动机带动两侧驱动轮以不同转速转动,从而为装置绕着某一中心的旋转运动提供动力。

图 2　旋转驱动装置

(2)导向支承装置(见图 3)包括电动机、锥齿轮减速箱、正弦机构、连杆滑槽机构、无动力导向轮等。电动机通过锥齿轮减速箱控制正弦机构的运动,从而带动连杆滑槽机构运动,进一步改变无动力导向轮的方向,最终达到改变旋转中心的目的。无动力导向轮在工作过程中起到了支承及旋转导向作用,其特点是在正弦机构到达两个工作位置时,四个导向轮能够以同一点为旋转中心。

(3)定心锁定装置(见图 4)包括液压装置和升降桩。液压装置控制两根升降桩的升降状态,以便在工作状态改变时转换并锁定装置的旋转中心,使其能够精准地运动。

(4)控制电路模块包括旋转驱动控制电路、导向支承控制电路、定心锁定控制电路及传感器控制电路(有待进一步完善)。

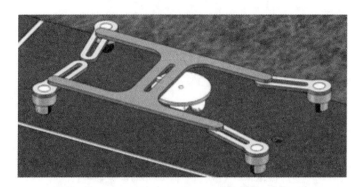

图 3　导向支承装置

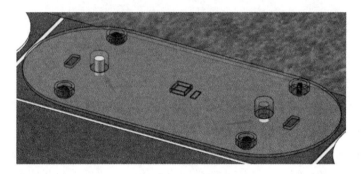

图 4　定心锁定装置

4)比较分析

市面上常见的立体停车装置虽然大幅度提高了空间利用率,但不可避免地会存在以下缺点:

(1)建设、维护成本高昂,难以收回成本。

(2)占地面积大,立体停车装置通常需要大片规则形状的土地搭建,而这在一般的老旧小区中是没有的。

(3)噪声污染严重,还会影响部分住户的房屋采光,不适合在生活区搭建。

(4)存在安全隐患,车辆悬置在空中,因操作问题或者设备故障导致的车辆下落会造成经济损失,甚至是人员伤亡。

我们设计的智能停车辅助装置则不存在以上缺点。它成本较低、安装维护方便、运行平稳无噪声、不遮光,更有智能化模块辅助停车,进一步降低了停车难度。虽然在空间利用率的提升上不如立体停车装置,但更适合在老旧小区内建造和使用。

3. 设计方案

1)老旧小区车位调查

根据一份对上海市 13 个小区的车位情况的调查结果,发现大部分小区采取占用绿化用地(38.46%)和夜间道路停车(30.76%)的方式缓解小区停车压力;相当一部分小区没有解决方案(15.4%);仅有少部分小区增设了停车机构(15.38%),而增设停车机构的小区中又有近半数小区的停车机构并没有真正发挥作用。

同时,调查显示,超过半数小区的车位不是固定的(约54%),而有固定车位的小区约占46%。有固定车位的小区一般是将现有停车空间重新规划,划分车位和区域,以达到停车更加紧凑的目的;而没有固定车位的小区,车辆间距不能严格控制,常常出现间距过大而导致空间利用率不高的现象。

然而,不管是上述哪种方案,为了使车辆在驶入、开出时不与邻车相碰撞,车辆之间都要保持一定的间距。在有固定车位的小区中,间距一般较小,车主需要一定的操作技术才能保证不与邻车碰撞;在没有固定车位的小区中,车辆间距凭车主之间的默契,间距一般较大,空间利用率低下。而本装置在提升空间利用率的同时,又进一步降低了停车操作难度,可有效避免车辆之间的碰撞。

在另一个关于小区停车位满意度的调查中发现,有超过半数的小区居民认为,小区停车位并没有满足自身需求。可见,小区停车难问题日益成为影响居民生活质量的一大问题。

2)基本参数确定

为了使车辆能够平稳、安全地放置在装置上,装置的长、宽、高尺寸需要进一步设计。我们调查了2017年12月各类车型在我国的销售情况。根据统计数据,将装置的总长设置为5.3 m,总宽设置为2.4 m,可使99%的家用车成功停在该装置上。对于小概率事件(车长大于5.3 m的情况),采用额外分配备用大车位的办法予以协调。

另外,装置不能设计得太高,因此将装置总高设置为29 cm。为了便于车辆驶入装置,在装置的两侧设计了一定坡度的斜坡。对于斜坡的设计,参考了减速带的设计标准,设计坡角为28°。车主在驾车驶入装置的时候斜坡还能起到一定的减速作用。

3)导向支承装置结构计算

为使工字形支架偏移到工作位置时,四个无动力导向轮同时指向同一个旋转中心,可以通过几何法简单地解出支架的尺寸。如图5所示,在导向轮法线方向上选取一组点 A、B,用水平线相连,即可得到一组工字形支架长度的解。通过对不同解的比较分析,最终选取了一组比例协调、受力合理的解作为设计尺寸。

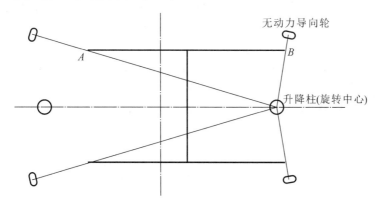

图5 几何法解工字形支架尺寸

4. 主要创新点

(1)不同于传统的立体停车机构,本设计通过让车辆在水平面内停得更加紧凑来提升空间利用率,具有成本低廉、安装方便等优点。

(2)采用正弦机构、连杆滑槽机构简单而巧妙地控制导向轮的转向,实现旋转中心的转换。

(3)智能模块辅助停车,不仅有效提升了停车时的空间利用率,还降低了停车的操作难度,避免了车辆间的剐蹭风险。

5. 作品展示

本设计作品的外形如图 6 所示。

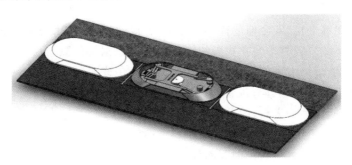

图 6 装置外形

参 考 文 献

[1] 安琦,顾大强.机械设计[M].2 版.北京:科学出版社,2016.

[2] 哈尔滨工业大学理论力学教研室.理论力学[M].北京:高等教育出版社,2009.

[3] 刘小成,吴清,夏春明.单片机原理及 C51 应用[M].上海:华东理工大学出版社,2009.

[4] 高月强,蔡双龙,刘朝红,等.轿车侧方位停车入位辅助装置的设计[J].辽宁科技学院学报,2016(05):11-13.

[5] 邵明忠,周宇星,张泽河,等.基于 PLC 的车库车位辅助停车装置[J].数字技术与应用,2016(06):17-18.

并行式共享立体停车库

上海理工大学

设计者:席天舒　尹斌　周伟　王少卿　张瑞

指导教师:施小明　孙福佳

1.设计目的

随着我国经济的发展,私家车越来越多。目前市场上普遍应用的立体停车库分为升降横移式、巷道堆垛式、垂直循环式等,但因成本高、存取车效率低、故障率高等问题立体停车库未能普及。针对上述问题,本项目组设计了一款并行式共享立体停车库,它可以解决目前市场上立体停车库存在的成本高、故障率高、新手停车难和电动汽车充电难的问题。本项目综合考虑了立体停车库的成本、受力、结构方面的问题,更符合市场需求,同时利用移动支付和物联网技术,提出了共享停车的方式,可大大提高车位的利用率,缓解目前存在的停车难问题;而移动式充电头的设计,实现了电动汽车在立体停车库二层自动充电的功能,具有很高的市场价值和社会效益。

2.工作原理

立体停车库由立体停车框架、升降横移平台、搬运机器人三部分组成。具有以下特点:

(1)采用单元化布局的方式,十二个车位共用一台起重设备,节约成本。

(2)采用两侧对立提升的方式,较单边受力提升的方式,解决了立体车库普遍存在的力矩过大问题,降低了产品故障率。

(3)采用机器停车的方式,车主直行将车开到搬运机器人上即可离开,节省车主停车时间,降低车主停车难度。

(4)搬运机器人采用麦克纳姆轮,可以实现横移运动,没有转弯半径,节省车库面积。

(5)移动式充电头设计。车主把汽车停在搬运机器人上后,手动将充电枪与充电汽车的充电口连接,再将移动式充电头放置在搬运机器人定位座上。搬运机器人运动到停车位后,将移动式充电头插入固定充电座完成充电功能。

3.设计方案

并行式共享立体停车库设计之初是为了解决立体停车库在提升过程中因力矩过大而引起的故障率高、寿命短的问题。设计的两侧对立提升的方式解决了立体车库普遍存在的力矩过大问题。大小齿、同步带的设计起到了减速和增大力矩的作用。

考虑装置的经济性问题,一个立体停车设备成本最高的是升降部分。于是将升降平台独立设计,通过同步轮同步带的传动,增加横向和纵向两个方向,使其具有三个方向的自由度,每个升降横移平台可接管十二个立体车位。这就大大降低了设备成本。

解决了立体车库的成本和故障问题后,我们致力于改善用户的停车体验,于是增加了搬运机器人。车主只需把车停到搬运机器人上即可离开,节约车主存取车时间,同时机器停车比人工停车更精准。搬运机器人采用麦克纳姆轮设计,可实现横向运动,没有转弯半径,可缩减车库面积,节约土地。

搬运机器人和停车架采用梳齿结构,通过梳齿的交错可实现把汽车从搬运机器人卸到停车架上的功能。为了使机器人能精确地将车停到指定位置,在机器人上设计了导轮,停车架上设计了配套的轨道。

最后,为了适应立体停车库智能化、无人化管理的发展趋势,我们增加了智能化的控制系统。车主只需把车停到搬运机器人上即可离开,取车时根据停车时间在手机终端上支付停车费用,不需要设人工收费岗。

1)并行式共享立体停车库整体结构

我们设计的停车库的整体结构示意图如图1所示。

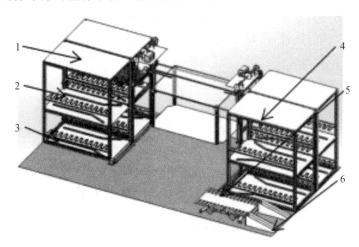

图1 停车库整体结构示意图

1—立体车库框架;2—梳齿平台;3—定位轨道;4—升降横移平台;5—搬运机器人;6—斜坡轨道

2)升降横移结构

如图2所示,装置整体有三个方向自由度,分别是升降、横移和纵移。电动机同步带3通过同步带传动实现纵向移动,电动机同步带7通过同步带传动实现横向运动,采用齿数比为1:4的同步轮传动来提供四倍力矩,收线器旋转拉动钢丝绳提升,实现升降横移平台的提升。

在本设计提供的并行运行巷道堆垛立体停车库中,还可以具有这样的特征:相邻两个车库框架之间的巷道间距值大于搬运机构的长度和宽度的总和。这样可以实现装置的并行运行,即前一辆车在停车的过程中,不影响后续车辆的进入和停放,如图3和图4所示。

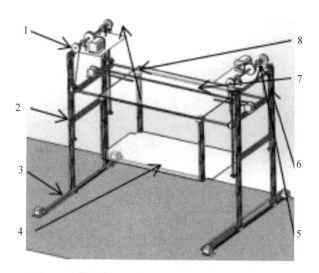

图 2　升降横移结构示意图

1—收线器；2—直线轴承；3、7—电动机同步带；4—横移板；5—1：4减速传动；6—钢丝绳；8—滑块

图 3　并行运行示意图(1)

图 4　并行运行示意图(2)

这款停车库采用闭环控制,这将使得车库的平移转换更加精准,大大增加了停车库操作和维护的便利性。

3)搬运机器人

搬运机器人主要的功能是把汽车搬到对应车库,同时通过升降把汽车装到梳齿板。搬运机器人的结构如图5所示,其中搬运机器人的四个轮子采用麦克纳姆轮,可以实现搬运机器人的前后运动和横移运动。麦克纳姆轮外形像一个斜齿轮,轮齿是能够转动的鼓形辊子,辊子的轴线与轮的轴线成α角度。辊子有三个自由度,在绕自身转动的同时又能绕车轴转动,还能绕辊子与地面的接触点转动,这使得轮体本身也具备了三个自由度。提升上板采用齿轮齿条传动,四周分布四个限位轴,保证提升上板升降过程中的平稳性。搬运机器人上带有导轮,与立体车库框架上的定位轨道相配合。定位轨道设计成喇叭口形状,保证搬运机器人在一定斜度误差的情况下能精确定位。

如图6所示,麦克纳姆轮的应用减小了搬运机器人的转弯半径,可节省停车区域的面积。同时搬运机器人提升上板的升降采用齿轮齿条传动,在保证搬运机器人提升上板平稳性的同时,确保了提升的精度。

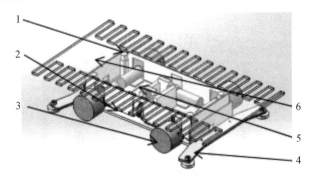

图 5　搬运机器人结构示意图

1—限位轴；2—齿轮齿条；3—麦克纳姆轮；4—导轮；5—红外传感器；6—提升上板

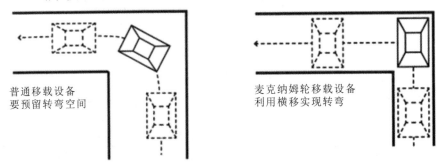

普通移载设备
要预留转弯空间

麦克纳姆轮移载设备
利用横移实现转弯

图 6　麦克纳姆轮的应用

4) 移动式充电头

如果是电动汽车，车主把汽车停在搬运机器人上后，手动将充电枪与充电汽车的充电口连接，再将移动式充电头放置在搬运机器人定位座上。搬运机器人将电动汽车放在梳齿形停车架上的同时，梳齿将移动式充电头放置在固定充电座上，对接后固定磁铁相吸，使之牢固配合，电极触点与相对应的弹性电极触点接触，从而实现充电。充电头如图 7 所示。

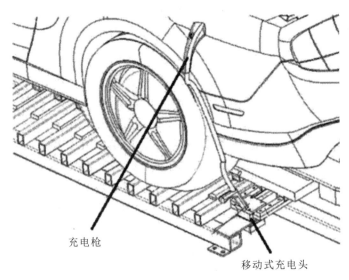

充电枪

移动式充电头

图 7　充电头示意图

4. 主要创新点

(1)采用两侧对立车库同时提升的方式,解决了单边车库提升出现的力矩过大问题,受力更均衡,可降低产品的故障率。

(2)采用搬运机器人将汽车停到车库的方式,降低了车主停车难度,节省了存取车时间。

(3)采用并行运行的存取车方式,前车的存放过程不影响后续车辆的进入与存放,存取车效率高。

(4)采用一体化的智能车库管理系统,自动化程度高。

5. 作品展示

本设计作品的外形如图 8 所示。

图 8　装置外形

参 考 文 献

[1] 于永泗,齐民.机械工程材料[M].9 版.大连:大连理工大学出版社,2012.

[2] 王新华.机械设计基础[M].北京:化学工业出版社,2011.

[3] 裘文言,瞿元赏.机械制图[M].2 版.北京:高等教育出版社,2009.

[4] 王黎钦,陈铁鸣.机械设计[M].5 版.哈尔滨:哈尔滨工业大学出版社,2010.

[5] 程畅.典型零部件的设计与选用[M].北京:高等教育出版社,2010.

多功能立体停车库设计

上海工程技术大学

设计者:郭婉婷　徐纪平　彭广贵　王真　宋子豪

指导教师:骆伎

1.设计目的

随着国民经济的发展,汽车成为越来越多居民的代步工具,尤其是在人口膨胀的大型城市。国内汽车保有量的爆炸式增长,使停车成为一件困难的事情。为解决这一难题,需要对现有的停车场地进行改造开发。现有的立体停车设施针对的车型较为单一,有单独的停放汽车的自动立体车库,也有专门停放自行车的立体车库,然而目前还没有一种有效的措施可以将所有车辆综合停放。因此,设计一款能够将自行车、电动车(本文特指两轮电动车)、汽车等不同种类的车结合到一起,通过建立立体停车库的方式来提高单位面积可停车数量的机械式立体停车库尤为必要。

这种立体停车库应具有占地面积小、单位面积利用率高、人工操作简便的特点,以便节省所要的人工,节约各种社会资源;同时,该停车库的建立可以实现最后一公里换乘,使汽车与自行车等其他车辆相结合,更方便出行。因此该立体停车库的应用可以大大提高社会经济效益,为居民生活带来便利,也有利于城市管理。

2.工作原理

1)设计思路

现有的立体停车库分为汽车类和自行车类两种。汽车类立体停车库又分垂直循环式和水平循环式,可以实现多层停车,完成停车场从平面停车向立体停车的改变。除这两种方式外,还存在简易升降装置加铁板托盘的组合,可实现独立车位的多层化,达到节约土地资源的目的。而对于自行车的立体停车装置则和汽车类的相似,国外也有垂直循环式和水平循环式的立体停车装置组合。在北京等地的街头,共享单车公司根据自行车较为轻便的特点设计出了较为紧凑的利用升降装置来增加自行车停放量的双层停车场。但是还未发现可以将所有的车型综合在一起的立体停车装置。而在工厂和流通企业仓储领域,有自动立体仓库的概念,即利用起重机、码垛机、轨道和货架组成的立体装置根据一定的规则将货物分别送入指定的货格或从货格中取出货物。受此启发,我们设想利用自动立体仓库的原理设计出一种能使大部分车都能综合停放的立体停车库。

2）研究方法

在探究了国内外关于自动立体仓库、立体停车库、码垛机、电动机等方面的文献和专利后，我们结合现有状况，找出现有技术存在的瓶颈和应用上存在的问题，初步进行结构设计和计算机绘图，并利用乐龙物流仿真软件等进行整体构建和操作循环模拟演示。在此基础上，利用简易工具做出实物模型作为参考。简易模型完成后，利用机加工或外购零部件进行立体车库等比例缩小模型的制作与加工，最终得到一个在电动机的带动下能够完成车辆出入库的小型模型。最后对实物模型进行测算与模拟，以验证整个设计的合理性与可行性。

3）项目方案

首先，收集资料，对立体停车库整体进行设计构想；其次，绘制自动立体停车库的总体草图和正式图，各个固定盛放装置、简易升降机等的草图和正式图；再次，制作小型模型，完成三车摆放的模拟，确定材料，并进行改进；最后，完成缩放模型的制作并对其进行模拟和优化。

4）具体流程

（1）结构设计：根据调研数据，确定设计方案并选择合适的尺寸和材料，使用 Fusion 360 等软件对结构进行建模。

（2）结构优化：在前面工作的基础上对结构进行调整优化，确定最终方案。

（3）实物模型建立：根据结构设计图选用相应材料，利用 3D 打印或其他加工方式进行实物模型加工，在有条件的情况下对实物模型进行简单测试，了解其整体运行状况，并进行循环演示。

（4）实物优化：通过对比模拟结果和实际检测结果，对实物模型进行优化。

3. 设计方案

该停车库是一个多层的立体结构，根据需要分别设置层数和层高。以三层为例，第一层用来摆放汽车，第二层摆放电动车和摩托车，第三层可以摆放自行车。也可以将这三种车型并列式摆放，按照车身重量从重到轻，按照高度从低到高摆放。一层汽车的停放区域也可以有不同的变动，如在每个独立车位放置单独的升降装置，完成汽车的叠放，这种方式在现实生活中有多家单位已经实现，本文不再赘述，而将重点放在第二、三层关于摩托车、电动车和自行车的出入库设置上。在模型中，第二、三层利用升降机对车进行垂直方向上的运送，而车固定在托盘上，托盘放置于升降装置上。根据车的基本结构和自身重量的不同分别进行托盘架设计。对于自行车，如图 1 所示，应用车架式托盘，主要是固定前轮。为了节省更多空间，防止车把相撞，将托盘架高低进行了错开设置。而对于摩托车和电动车这些相对于自行车来讲较重的车辆，单独使用卡槽固定在一定高度下会有安全隐患。为消除隐患，除在托盘上用卡槽固定外，还在除车辆进出方向外的三方增加网栏式架构，为其提供一定的保护作用，增加安全性，如图 2 所示，称之为网箱式托盘。这两种托盘固定在起重装置上，由起重机带动托盘进行升降移动。起重装置如图 3 所示。在模型中，起重装置可以使用电动机加滑轮绳索装置代替，也可以使用电动机加丝杠代替。

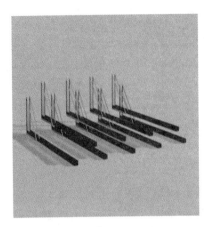

图 1   自行车托盘架

图 2   电动车、摩托车托盘架

图 3   起重装置

　　当车和托盘运到上方停车平面后,托盘经轨道进入系统指定的位置停放,每个车都将有指定的位置以及指定的托盘。对于轨道与托盘的移动有两种方案。一是将停车库轨道设置成一条横轨,两边是停放小车的垂直轨道,托盘底部用滚珠轴承连接轮子,使托盘到指定位置能通过滚珠轴承改变角度直接进入停放位置。从轨道上的移动到进入停车区域的整个过程中,使用智能动力装置托盘,设定好程序后,托盘即可在轨道上自行移动,并能准确改变轮子的方向而进入指定停放位置的轨道上,完成自行走作业。二是采用滚珠丝杠齿轮装置与位置传感器或二极管继电器组合来完成车位的选择和托盘的停放。

在出入口设计方面,若停车区域较小,可将层数减少,使用一至两台升降机完成自行车等车辆的进出库作业,但是效率较低,需要等待一辆车完成作业后才能进行下一辆车的作业,只有如此才不会产生安全隐患。若场地较大,在可容纳车辆较多的停车库,使用多台升降机和多条独立轨道,分别存取自行车和电动车,并将车辆出入口的升降机和轨道分离设置,以增加可同时完成的作业数,提高效率。

该方案设计的重难点主要在于:解决车辆出入库的识别问题;整体机械结构尤其是自行走机构的设计和制作;电控部分的控制和管理。除此之外整体设计的安全性问题也需要进行验证。

在工程实践中,升降机有多种型号可以选择,而自行走装置可以参照码垛机来设计,解决了轨道间移动的难题,相对操作较为简单。同时,可以利用计算机、传感器、电子标签等工具的组合来满足多样化、个性化控制的需要,有一定的实践价值。

4. 主要创新点

(1)打破传统,将机动车与非机动车的停放融为一体。

(2)利用立体车库优势,节省更多的地表空间,解决了电动车与自行车的摆放问题。

(3)层次有别,虽然不同车型的摆放融为一体,但是不同入口对应不同车型,不会混淆。在实践中可以按照不同共享单车/电动车公司分类停放,节省空间和时间。

(4)可以实现最后一公里换乘,实现汽车与自行车等的结合出行。

5. 作品展示

本设计作品的外形如图 4 和图 5 所示。

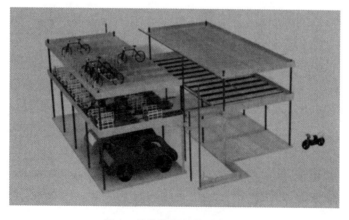

图 4　整体简易结构外形(1)

图5　整体简易结构外形(2)

参 考 文 献

[1] 吴锋.浅谈机械式立体停车库的发展前景及推广应用[J].绿色环保建材,2018
　　(1):251.

[2] 王旭.平面移动类机械式智能立体停车库的研究[D].济南:齐鲁工业大学,2016.

[3] 付玲.机械式立体停车库的特点及应用实例分析[J].中国新技术新产品,2016(6):
　　94-95.

直立式智能小型停车系统

上海电力学院

设计者:陈龙　仇桐　杨宁

指导教师:曹岚

1. 设计目的

在大街上通常会发现这样的场景:各种小轿车看似排列紧密,但实际上还有很多空间。由于驾驶技术有限,为了避免车与车之间因侧距太紧而导致剐蹭,原本可停 10 辆汽车的停车位仅能供 7 辆车停靠,白白浪费了不少车位。此外还有一些占用人行道违章停车,导致人行道拥堵。

目前市面上有很多停车系统,大多数都是针对商场和购物超市的,并不适用于用地紧张的地区。同时,大部分超市采用的地下车库在暴雨期间容易进水,易造成地下车库积水。此外,多层地下车库在停车过程中会有拥堵的情况,降低了人们停车的效率。也有一些小型停车装置,但停车数量也比较有限。

针对以上问题,我们研究设计了一款停车装置,可以用原本停放 2 辆车的空间停靠多至 5 辆轿车,外加自行车、摩托车、电动车等双轮车。这一方面可有效地保护机动车,防止其被盗窃或者恶意破坏;另一方面,也可规范两轮车的停靠,为马路、街道提供更大的流量空间,在一定程度上缓解拥堵。

本作品的意义主要有以下几点:

(1)针对用地紧张且违章停车(包括双轮车)严重的街道、小区等,提供一种新的停车解决方案。

(2)适应共享单车时代,促进人们低碳出行,在节约用地的同时为单车提供停车场地。

(3)学以致用,将所学的机械和电子的知识用于实践之中,制作一个机电一体化的系统。

2. 工作原理

图 1 所示为所设计的直立式智能小型停车系统的单层平面示意图,其主要包括以下五大装置:升降装置、传动齿轮箱、同步带输送装置、齿轮啮合分离装置、自动控制装置。

1)升降装置

升降装置采用步进电动机为升降台提供升降动力。本作品采用 57BYG250B 步进电动机(见图 2),通过梅花联轴器带动丝杠(见图 3)旋转实现停车升降台的升降功能。

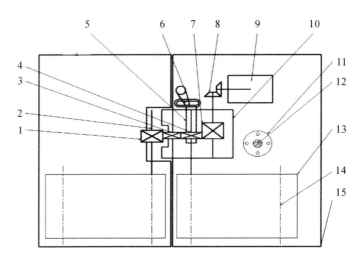

图1　单层平面示意图

1、3、4、7—圆柱直齿轮；2—阶梯轴；5、6—齿轮啮合分离装置；8—锥齿轮；9—直流减速电动机；
10—齿轮箱箱体；11—丝杠螺母；12—丝杠；13—同步带运输装置；14—同步带轮；15—框架平面

图2　57BYG250B 步进电动机

图3　丝杠套装

2）传动齿轮箱

传动齿轮箱（见图4、图5）的存在使得升降台和车库的同步带输送装置仅需要一个动力源，也就是说无论车库一侧有多少层，其动力源仅需要升降台处的一个直流减速电动机即可。这样大大减少了动力源和电气控制设备，无论是空间利用率，还是电动机费用和日后保养维修费用都得到了很好的优化。传动齿轮箱由一个主动力大齿轮、一个六角孔齿轮、一个转向齿轮和一个外置传动齿轮组成，其运行过程如下：12 V直流减速电动机启动，动力通过锥齿轮进行转向并传送给主动力大齿轮，大齿轮将动力传给六角孔齿轮，带动升降台上的同步带轮转动，从而实现车辆输送，同时六角孔齿轮继续将动力传给转向齿轮。外啮合转向齿轮将动力传送至外置传动齿轮时，其转动方向与六角孔齿轮相同。车辆在两侧同步带输送装置的运输下顺利进入车库。

图 4　传动齿轮箱　　　图 5　传动齿轮箱及齿轮啮合分离换挡装置的爆炸视图

3)同步带输送装置

同步带输送装置(见图 6)由 MLX 同步带轮和 MLX 同步带组成(由于同步带和同步带轮定制价格昂贵,此处采用 3D 打印件和橡皮筋代替),是运输车辆的载体。同步带输送装置的动力分别来源于齿轮箱六角孔齿轮和外置传动齿轮。

4)齿轮啮合分离装置

齿轮啮合分离装置(见图 7、图 8)的功能是实现在停

图 6　同步带输送装置

取车过程中不影响其他车辆的正常停靠。齿轮箱中六角孔齿轮啮合的时候,升降台的上下运动会导致外置齿轮转动,从而使到车库侧的车辆有从同步带上滑落的可能。在升降台移动的时候,该装置使得齿轮分离,保证了车库车辆不受影响。该装置实质是舵机控制的曲柄滑道机构(本作品中采用 SG90 舵机控制)。曲柄滑道机构由一个伸缩杆和摇杆组成,在升降台到达指定停车车库平台后,舵机转动,带动摇杆,使得伸缩杆推动六角孔齿轮与转向齿轮和主动力大齿轮啮合,之后直流减速电动机转动,进行停车操作。同理,当升降台离开指定停车车库平台前舵机进行反向转动,使得齿轮分离,从而保证不影响到车库的带轮输送装置。

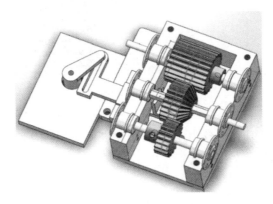

图 7　传动齿轮箱及齿轮啮合分离换挡装置的装配图

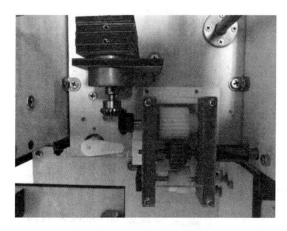

图 8　齿轮啮合分离装置的两种状态

5）自动控制装置

本系统中所有电动机和 LCD 显示屏都由 Arduino 和其传感器控制。如图 9 所示,本作品的 Arduino 控制板采用 Arduino Uno R3 控制板配合 Uno R3 传感器扩展板作为系统主体。系统利用电动机驱动板 L298N 对直流减速电动机进行控制,利用 ATK-2MD4850 电动机驱动器对 57BYG250B 步进电动机进行控制,同时搭配了 6 个红外传感器进行位置检测,并搭配 Arduino LCD1602 液晶屏配合 IIC 转换模块进行车库信息显示,驱动操作由三个开关模块控制。本作品由 12 V 直流电源供电。

图 9　主控系统

由于经费问题,本作品将原本五层车库的设计简化为两层车库,其中一层位于地面上,一层位于地面下。车库平面面积较小,车库平台左边用来停小轿车,右边多余的空间可停放大量双轮车,实现了四轮车、双轮车混合停放。

3. 设计方案

1)总体尺寸确定

所选研究对象是 1∶24 的汽车模型,市面上大部分 1∶24 模型的长为 16 cm(车轮间距 11 cm),宽为 7.5 cm,高为 5 cm。因此可以确定以下几个参数:同步带轮宽度为 85 mm,同步带轮中心距为 145 mm,车库每一层的高度暂定 120 mm。

2)电动机的选择

通过计算得到理论扭矩来选择电动机功率。步进电动机额定扭矩是理论扭矩的 1.5 倍,57BYG250B 步进电动机的额定扭矩是 1.24 N·m,远远大于理论扭矩,所以满足要求。

3)同步带轮轴的选择

由于同步带传输装置上的同步带需要定制,价格昂贵,选用周长为 400 mm、宽 20 mm、厚 1.5 mm 的橡皮筋代替。由于该装置上的扭矩较小,考虑到整体的美观性,同步带轮轴选用直径为 8 mm 的光轴,长度为 146 mm。

4)齿轮与轴的选择

同步带传输装置上的扭矩较小,所以齿轮箱齿轮模数选 1 mm,同时为了确保升降台和车库之间空隙最小,设定两侧轴之间的距离为 44 mm。

齿轮齿数分别如下:

主动力大齿轮:1 模 24 齿,厚度 20 mm,塑料材质;

六角孔齿轮:1 模 24 齿,厚度 8 mm,3D 打印件;

转向齿轮:1 模 20 齿,厚度 8 mm,塑料材质;

外置传动齿轮:1 模 24 齿,厚度 20 mm。

上述所有齿轮孔的直径为 5 mm。齿轮轴统一选择直径为 4 mm 的光轴,并在光轴上套外径为 5 mm 的空心钢管。

4. 主要创新点

(1)充分利用空间资源,形成了一个机动车与非机动车共用的停车系统。

(2)利用一个动力源实现车库多层平台的车辆停靠,大大减少了电气设备的数量、占地面积、维护费用,节约了更多的社会资源。

(3)为共享单车提供停靠点,方便人们寻找和停靠共享单车,促进低碳生活,可降低违章停车率(包括两轮车)。

5. 作品展示

所设计作品的外形如图 10 所示。

图 10　装置外形

参 考 文 献

［1］李明亮. Arduino 项目 DIY［M］. 北京：清华大学出版社，2015.

［2］刘鸿文. 简明材料力学［M］. 2 版. 北京：高等教育出版社，2008.

［3］杨可桢，程光蕴，李仲生. 机械设计基础［M］. 6 版. 北京：高等教育出版社，2013.

无避让式立体机械车库

上海理工大学

设计者：黄俊雄　刘锦林　黄宇豪　胡凯悦　韦雨

指导教师：钱炜　施小明　朱文博

1. 设计目的

随着经济的快速发展和人们生活水平的提高，小区停车难已经成为社会性难题。无论是停车位置的局限性还是新手司机停车的效率问题，都给人们的生活带来很多不便，很大程度上影响了人们的日常生活。而如今市面上为解决这一问题的停车装置有很多，但经过网上咨询和实地考察，发现大多数机械停车装置存在以下问题：

(1)小区可供停车的场地少且不连续，且道路不够宽敞，大型装置应用范围小。

(2)现有装置大多结构复杂，而简易装置存在单边受力过大且装置不稳等安全隐患。

(3)现有装置大多功能不够完善，后期保养问题多。

针对以上问题，我们发明改进了以下装置，希望可以改善停车难问题。本着以人为本的设计理念，针对上述提到的停车位置少、停车效率低、停车危险系数大等问题，在保证人的安全的基础上对双层停车装置进行改造与创新，并确保机械停车库的各指标符合相关规范的要求。

2. 工作原理

装置运动由平台伸出、平台升降和平台旋转三部分构成。其中平台升降为装置主运动，平台伸出和平台旋转为装置辅助运动。

1)平台伸出

如图 1 所示，电动机驱动蜗杆转动，蜗杆与蜗轮啮合进而带动蜗轮转动，蜗轮通过销与传动轴连接，同时主动轮通过键与传动轴连接，因此蜗轮的转动通过传动轴带动主动轮转动，进而实现平台伸出。

2)平台升降

平台升降为装置主运动。主运动由丝杠升降机实现，如图 2 所示。丝杠升降机的主要结构为蜗轮蜗杆机构与丝杠螺母机构的组合，主要构件为蜗杆、蜗轮和丝杠，其中蜗轮轴线处开螺纹孔形成特殊螺母与丝杠配合。动力从蜗杆处输入，实现蜗杆转动，蜗杆与蜗轮啮合进而带动蜗轮旋转。蜗轮为一特殊螺母，当螺母旋转时，因丝杠固定，螺母沿丝杠方向平动，

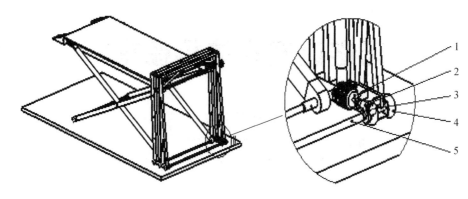

图 1　平台伸出示意图
1—电动机；2—蜗杆；3—蜗轮；4—主动轮；5—传动轴

图 2　丝杠升降机

实现升降运动。

　　如图 3 所示,丝杠通过焊接与车库框架固连,使丝杠固定。电动机与丝杠升降机的输入轴(即蜗杆轴)连接,电动机启动后,动力输入丝杠升降机。按照上述丝杠升降机原理,电动机驱动丝杠升降机沿丝杠轴向运动。因一丝杠升降机仅能实现一点的升降运动,所以需通过两丝杠升降机实现直线的空间升降。而车库的升降为平面的空间升降,因此增加一剪刀叉机构,从而实现平面的空间升降。将车库平台与剪刀叉机构进行机械连接,最终实现装置的升降运动。

　　3)平台旋转

　　如图 4 所示,电动机启动,经一组齿轮机构减速进而带动蜗杆转动,蜗杆与蜗轮啮合进而带动蜗轮转动 90°。又蜗轮通过轴 5 与车库平台 6 固连,因此实现车库平台相对平台支承架 7 绕轴 5 轴线旋转 90°,最终实现装置的旋转运动。

　　4)运动顺序

　　辅助运动 1 为第一运动,实现平台伸出。平台伸出后主运动开始,实现平台升降。平台

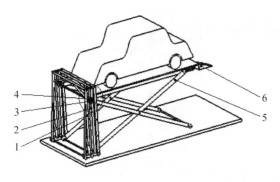

图 3　升降运动示意图

1—车库框架；2—丝杠；3—电动机；4—丝杠升降机；5—剪刀叉；6—车库平台

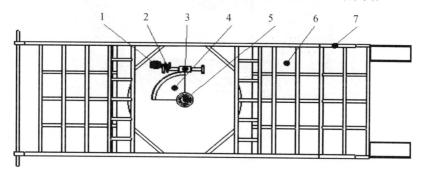

图 4　平台旋转示意图

1—电动机；2—齿轮机构；3—蜗杆；4—蜗轮；5—轴；6—车库平台；7—平台支承架

下降后辅助运动 2 开始，实现平台旋转。至此，装置启动完全实现，小车停上装置后，倒序驱动运动，将装置收回，实现小车停放。

5）控制部分

本作品的核心控制在于用输出脉冲信号控制步进电动机转动。我们采用了 ST（意法半导体）公司的 STM32F103ZET6 作为电控的核心处理器，如图 5 所示。该芯片属于中低端的 32 位 ARM 微处理器，有足够多的 I/O 口进行外设连接，对本作品而言在处理速度方面游刃有余。在控制步进电动机的时候，启用 STM32F103ZET6 的定时器输出脉冲信号。由步进电动机的原理知，步进电动机收到一个脉冲信号则对应转动一个步进角，于是可以控制步进电动机在指定的时间内以指定的转速转动准确的角度。

在步进电动机的选型上，采用了两个 42 步进电动机（型号：42BYGH34）和一个 57 步进电动机（型号：57BYG250B）。两个 42 步进电动机能提供 0.28 N·m 的扭矩，分别驱动车库上层的转动和上层装置的前后运动，57 步进电动机提供 1.2 N·m 的扭矩，带动车库上层做上下运动。步进电动机的驱动器统一采用 TB6600 升级版步进电动机驱动器，可以采集 3.3 V/5 V/24 V 的脉冲信号，额定电压为 9～42 V，并且细分数最高可以达到 6400，方便电动机速度的调节。

6）外接设备

考虑到车库上层的停车安全，要求驾驶员将车辆停放在一个安全的范围内，于是采用激

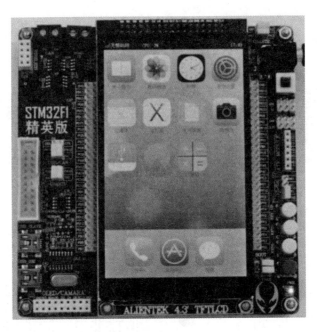

图 5　芯片

光测距仪对车辆的位置进行检测。当车辆停放到安全区域之后,车库上层亮起绿灯以告知驾驶员车辆已停放到安全位置。激光测距仪采用 ST 公司的 VL53L0X 芯片作为内核,芯片内部集成了激光发射器和 SPAD 红外接收器,在第二代 FlightSense 技术的支持下,在中短距离测量的应用中发挥了出色作用。激光测距仪在实现测距功能的同时,通过相关算法配合可以对车辆停放的时间进行检测,方便车库收费。该激光测距仪分别安装在车库上层和下层的合适位置,与上文提及的 STM32F103ZET6 连接,二者配合实现相关功能。驾驶员可以通过蓝牙与车库控制平台连接,用手机控制车库的运动,同时可以查询停车时间以及在手机端支付车费。

3. 设计方案

1)移动动作

(1)基本数据。

假设总摩擦系数为 $\mu=0.2$,控制车与上层框架总重量 $G\leqslant40000$ N,则需要动力源提供动力 $F\geqslant\mu\times G=8000$ N。预设上层框架平移出库(平移入库)的总时长 $t=10$ s,总平移量 $l=5$ m,则框架移动的平均线速度为

$$v=\frac{5}{10}=0.5(\mathrm{m/s})$$

(2)电动机容量的选择。

工作机所需功率:

$$P_{\mathrm{w}}=\frac{Fv}{\eta_{\mathrm{w}}}=\frac{8000\times0.5}{0.8}=5(\mathrm{kW})\quad(假设\,\eta_{\mathrm{w}}=80\%)$$

则电动机额定功率：

$$P = \frac{P_w}{\eta} = \frac{5}{0.85 \times 0.97} = 6.06(\text{kW}) \quad (\text{其中 } \eta = 0.85 \times 0.97 = 0.8245)$$

(3)电动机扭矩的选择计算。

由 $T=Pt$ 得电动机所需要的转矩为

$$T = 5000\ \text{W} \times 10\ \text{s} = 50000\ \text{N} \cdot \text{m}$$

(4)电动机转速的选择计算。

由 $T=9550P/n$ 得转速为

$$n = 9550P/T = \frac{9550 \times 6.06}{50000} \approx 1.16(\text{r/s})$$

2)旋转动作

对市场上的汽车进行调研,汽车质量取值为 2500 kg 能代表市面上绝大多数小型汽车。车库的旋转平台的质量为 500 kg。根据旋转平台每天工作的频率,查阅《机械设计手册》确定工况系数 $K=1.2$。根据旋转动作的机构设计确定摩擦力臂 $L=1.5$ cm。η 为蜗轮蜗杆的传动效率,一般蜗轮蜗杆的传动效率在 70%～90% 之间,这里取 $\eta=80\%$。n 为电动机所要达到的转速。

总重力：

$$G_{总} = (2500 + 500) \times 10 = 3 \times 10^4(\text{N})$$

旋转平台阻力矩：

$$M_{阻} = G_{总} \times L = 450(\text{N} \cdot \text{m})$$

根据工况,实际的阻力矩为

$$M'_{阻} = M_{阻} \times K = 540(\text{N} \cdot \text{m})$$

又因为电动机输出力矩 $M_{电} > M'_{阻}$,则 $M_{电}$ 取值为 600 N·m。

由 $M=\frac{937P\eta}{n}$,得 $P=\frac{nM}{937\eta}$,据此计算出电动机的功率 $P \approx 7.2$ kW(其中 $n \approx 9$ rad/s)。

3)升降动作

假设上升过程中总重 $F=30000$ N,高度 $h=2$ m,上升时间定为 $t=5$ s,则上升的功率为

$$P = Fh/t = 30000 \times 2/5 = 12(\text{kW})$$

下面进行电动机额定功率的选择。

车板上升的速度为

$$v = h/t = \frac{2}{5} = 0.4(\text{m/s})$$

在丝杠螺母升降机中,电动机输出轴为蜗杆,套在升降丝杠上的为螺母蜗轮,传动比 $i=5:1$,起到减速的作用,使得快速转动的电动机输出轴将扭矩较为平缓地传动给升降丝杠。

电动机输出轴的线速度为

$$v' = v \times i = 0.4 \times 5 = 2(\text{m/s})$$

电动机输出轴所受到的阻力为

$$F' = 1/5F = 0.2 \times 30000 = 6000 (\text{N})$$

所以电动机的额定功率为

$$P \geqslant F' \times v' = 6000 \times 2 = 12 (\text{kW})$$

4. 主要创新点

(1) 利用剪刀叉装置支承整个车库平台,解决了单边受力问题。

(2) 剪刀叉装置的加入,双边万向轮的连接加固,极大减缓了装置的晃动。

(3) 车库平台落地后可实现 $90°$ 旋转,车主无须倒车入库,大大节省了时间。

(4) 装置可拆卸性强,便于移动安装与后期维护。

(5) 增设位置提示、车牌识别及计时收费等功能,在增加安全性的同时极大地方便了小区管理。

5. 作品展示

本设计作品的外形如图 6 所示。

图 6 装置外形

参 考 文 献

[1] 王新华.机械设计基础[M].北京:化学工业出版社,2011.

[2] 陈秀宁,施高义.机械设计课程设计[M].4 版.杭州:浙江大学出版社,2013.

[3] 马秀清.步进电动机的选用计算方法[J].中国新技术新产品,2009(13):115-116.

两层三车立体式自行车停车装置

上海理工大学

设计者：周帅　凌洋　王健　柳伟佳

指导教师：杨灵斌　刘锦林　王丹丹　周福林　齐德光

1. 设计目的

随着经济的发展，人们文化水平的提高，环境污染问题越来越受到重视，低碳生活开始被广泛倡导，越来越多的人选择自行车出行。同时，自行车比赛已经成为了世界性的奥运项目，由此也可以看出自行车市场的繁荣，也映射了自行车停车棚的美好发展前景。

目前自行车停车区域大多较为老旧，疏于管理，并且停放间距过小，取车停车都十分不便，稍有不慎就会导致整排车的倾倒。为了尽量多地停放自行车，又能使停车取车和维护方便，我们根据实际情况设计出了一台自行车停靠装置。该装置可在原有的一个停车位基础之上停放三辆自行车，且不需要改造原有的停车位，只需将该装置放置在原来的停车位上即可。

2. 工作原理

停车装置主要包括自行车夹持单元、自行车升降系统、自行车上层停放单元，如图 1 所示。下层可以纵置两辆自行车，两辆车取放相互独立。将自行车推入前轮的锁扣装置中，再通过升降装置将前轮拉升到一定的位置，从而使自行车纵置，减少横向空间占用。为了保证停放时车轮锁定的稳定性，选用凸轮联动夹紧机构，利用凸轮的偏心作用锁紧车轮。上层的停车装置利用连杆机构将停车架整体降下，然后将自行车推入，再整体上升。为减少对轮胎的磨损，下层采用方便使用的金属钩锁扣装置。

装置整体框架通过框架加强筋保证装置整体的稳定性。整套装置主要由下层外侧车板、下层内侧车板、上层停车板这三块停车板组成，实现一个停车位停放三辆自行车的功能。

在下层外侧车板停车时，如图 2 所示，先通过外侧车板把手将停车板拉出。为了使停车板顺利滑出，在下层增设了万向轮、下层左侧滑轨和下层右侧滑轨，这样在车板滑出时受到的摩擦为滚动摩擦。然后将自行车车轮推上下层外侧车板，锁紧车轮，再通过重力块将车前轮抬至竖直状态，最后通过外侧车板把手将下层外侧车板推入整体框架中。取车时，也只需通过外侧车板把手将停车板拉出，压下自行车，松开锁紧机构，再将自行车从下层外侧车板上取出，最后将停车板复位即可完成取车。

在下层内侧车板停车时，先通过外侧车板把手将停车板拉出，然后踩下旋转限制踏板，并将下层外侧车板旋转 90°，再通过内侧车板把手将下层内侧车板拉出，然后将车轮推上下层内侧车

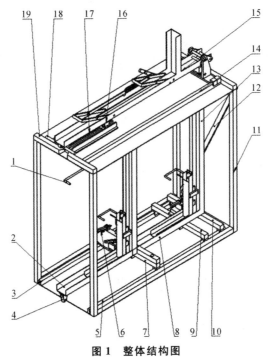

图 1 整体结构图

1—外侧车板把手;2—下层外侧车板;3—下层左侧滑轨;4—万向轮;5—下层右侧滑轨;6—旋转限制踏板;
7—外侧车板平移横杆;8、13—下层内侧车板;9—内侧车板平移横杆 a;10—内侧车板平移横杆 b;11—装置整体框架;
12—框架加强筋;14—上层右侧滑轨;15—上层停车板;16—支承轮;17—支承轮导向槽;
18—上层停车板把手;19—平移限制横杠

板,锁好车轮之后通过重力块的作用将车提升至竖直状态,再通过内侧车板把手将下层内侧车板推入装置整体框架中,并将下层外侧车板复位即可完成停车。取车时,先通过外侧车板把手将停车板拉出,踩下旋转限制踏板,并将下层外侧车板旋转 90°,再通过内侧车板把手将下层内侧车板拉出,然后将自行车取下,最后将停车板复位即可完成取车。

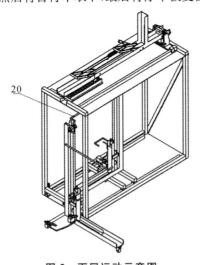

图 2 下层运动示意图

20—内侧车板把手

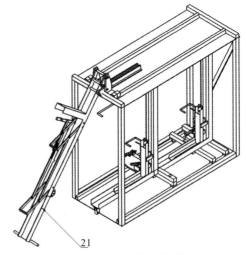

图 3 上层运动示意图

21—伸缩板

在上层停车板停车时,如图3所示,先通过上层停车板把手将停车板拉出,微微绕过死点位置之后往下压,打开伸缩板,然后将自行车推上上层停车板,锁紧车轮,收回伸缩板,再将上层停车板复位即可完成停车。取车时,先通过上层停车板把手将停车板拉出,微微绕过死点位置之后往下压,打开伸缩板,再将自行车取下,最后将上层停车板复位即可完成取车。

3. 设计方案

整个装置大体包括自行车夹持装置、自行车升降系统、上层自行车的停放装置。

1)装置示意图

根据一区停三车的设计思路和减少维护成本达到纯机械化的设计理念,设计出的自行车停车装置如图4和图5所示。

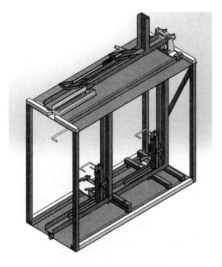

图 4　装置模型三维图

图 5　装置模型右视图

2)夹紧机构的设计

(1)上层夹紧机构的设计。

上层利用凸轮的偏心夹紧作用,通过一根横杆实现联动。夹紧机构利用了凸轮联动,扳动连杆上的手柄即可轻松地将自行车前后轮夹紧。在前端设置了一个车轮挡板,以保证车轮不会摆动和进退,稳定地停放在车板上。上层夹紧机构如图6所示。

(2)下层夹紧机构的设计。

下层利用弹簧和凹槽的共同作用来夹紧车轮。凹槽产生一个自锁效果,弹簧提供一个向下的弹力顶紧凹槽,以此来达到夹紧的目的,钩子则起到钩住车轮的作用。下层夹紧机构如图7所示。

3)旋转限制机构的设计

旋转限制机构利用斜楔锁紧机构,尾端采用弹簧顶紧,并通过杠杆作用扩大力的效果,使得车板拉出时不会左右晃动,收回时只需用力一推,还可利用斜楔的导向作用完成自锁。旋转

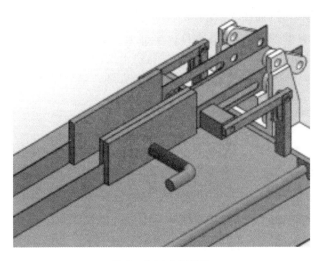

图 6　上层夹紧机构

限制机构如图 8 所示。

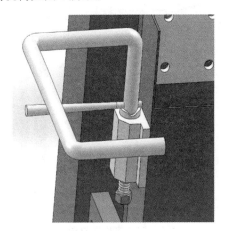

图 7　下层夹紧机构

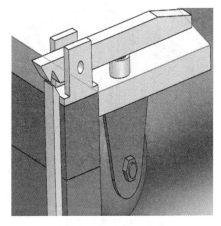

图 8　旋转限制机构

4) 材料的选择

车架材料的选择是所有材料选择中最为关键的一步。考虑车架整体重量和停放车辆的重量,最终选择的车架材料是铝型材。由于单纯使用某一种材料难以完全满足需求,所以选择铝材制作用于承载小型零件机构的平台,或者制作部分机构以减轻重量(如车轮夹紧板、车轮锁等);选用钢材制作需要承受较大载荷的部件,如装置框架、L 形升降架、旋转架等。为了使重力块能提供足够的拉力来提升自行车,考虑到升降过程中滑块与滑轨间的摩擦,以及 L 形升降架两侧的稳定轮架与停车板间的摩擦,配重块选用生铁铸成,并在外层包覆橡胶层,以免钢丝绳突然断裂损坏配重块。

4. 主要创新点

(1) 每辆自行车都能安全整齐地停在车架里面。车架是一个立体双层机构,每个车架都能停三辆车,这样在原来只能停一辆车的基础上就可以多停两辆车,能更加高效地利用空间。

(2)下层通过重力块的重力作用,使自行车在竖立起来的过程中能够更加省力,方便了老人、妇女等力量较小的群体;同时下层还利用滑块直线轴承的滚动摩擦将车板滑进滑出,使得滑动过程更加顺畅,避免了滑动摩擦的巨大阻力。

(3)上层的旋转机构能够使得车板在滑出的过程中保持水平,保证了使用者和操作者的安全性;同时上层拉簧的拉力效果使得车辆上升过程更加省力,操作更加方便。

5. 作品展示

本设计作品的实物照片如图9所示。

图9 立体式自行车停车装置

参 考 文 献

[1] 王新华.机械设计基础[M].北京:化学工业出版社,2011.

[2] 刘鸿文.简明材料力学[M].5 版.北京:高等教育出版社,2011.

[3] 陈秀宁,施高义.机械设计课程设计[M].4 版.杭州:浙江大学出版社,2013.

背负式全方位剪切柑橘类水果采摘装置

上海工程技术大学

设计者:罗世港　石安　宋佳晨　石家豪　沈涤非

指导教师:赵春花　张春燕

1. 设计目的

现代化机械装置正在逐渐代替人类原始的劳动工具和劳动方法,机器人采摘由于技术和成本的原因,在今后较长时间内无法投入实际应用,在这种背景下,机械式采摘将占据主流。目前果园的机械式采摘主要有振摇式、撞击式和切割式。但是振摇式和撞击式的采摘机械的效率普遍较低,采摘的损伤较高,也不适用于采收易损伤、要求完好率高的新鲜食用水果和贮藏用水果。而切割式采摘是将树枝或果柄切断使果实与果树分离的采摘方式,在切割完之后能立即放入果篮中,可避免果实坠落至地面,减少损伤。因此切割式采摘器的应用前景显得十分可观。

2. 工作原理

本设计的水果采摘装置结构简单,主要由背负装置、采摘杆、全方位切割刀头、软管、篮子等组成,其中采摘杆是可伸缩杆,用以满足不同高度的采摘任务。果农驱动操作手柄可驱使采摘刀片进行剪切,水果被剪切下来后,顺着用尼龙材料制成的水果运送管道掉进水果筐里。用柔软材料制成的运送管道可保证水果表面不受摩擦,从而保证水果的质量和质地。若果农把采摘刀片更换为套袋装置,则可以进行水果的套袋工作,方便快捷,效率高。同时果农也可以用采摘器的头部作为支架进行农药喷洒和修剪树枝工作。综上所述,该简易型水果采摘装置实现了农业生产中的不同工作的集中。

为减轻本装置对使用者右臂的负担,在杆的(从近地端算起)1/3处安装一根拉簧,可分担一部分作用力,减轻使用者的负担。背负式水果采摘装置示意图如图1所示。

刀头结构示意图如图2所示。刀头剪切机构是由多个结构相同的刀片组成的,在此只对一个刀片进行分析。如图3所示,在刹车线的牵引下,活动刀片会绕着固定轴向下转动,其刀刃与固定刀片的刀刃相交错,从而实现剪切;在一次剪切完成之后,在小压簧的作用下活动刀片回复到原位置,进行第二次剪切。在安装时,用M3的螺母和螺钉及 3 mm×7 mm ×0.5 mm 的垫片装配固定刀片和活动刀片,一共安装15组此装配体,再把它们均匀安装在直径为150 mm的环形刀头上。

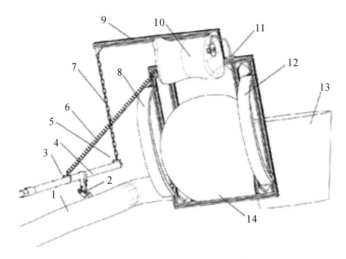

图 1　背负式水果采摘装置示意图

1—软管;2—类自行车刹车装置;3—拉簧扣;4—伸缩杆;5—D字扣;6—拉簧;7—铁链;8—左肩带;
9—背部横杆;10—靠垫;11—懒人支架;12—右肩带;13—布袋;14—网状靠垫

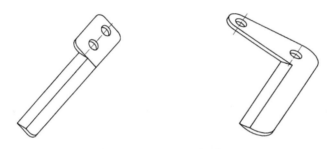

图 2　刀头结构示意图

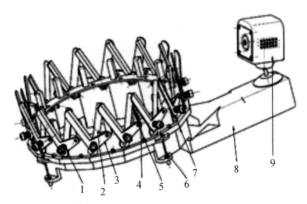

图 3　刀头剪切机构安装示意图

1—小压簧;2—固定刀片;3—活动刀片;4—小拉簧;5—拉丝;6—制动闸丝;7—拉环;8—杆套;9—小型摄像头

3. 设计方案

1）总体设计构想

背负式全方位剪切柑橘类水果采摘装置的特征是结构简单轻便，操作方便，能减轻劳作负担，可适用于多方位的柑橘类水果的采摘。

如图 1 所示，伸缩杆 4 径由铁链 7 与背部横杆 9 的右端通过角件连接，在刀头处安装摄像头对水果采摘进行实时观察；接收装置是一个直径为 23 cm、高为 29 cm 的布袋，此布袋自带挂钩，将其安装在背部靠左一段，用以平衡右端构件的重力；将软管一端放在袋口，另一端连接至刀头部分；最后将懒人支架 11 夹在图示位置，将手机（无线连接至摄像头进行实时观察）固定在懒人支架上，安装完成。

2）基本参数确定

（1）果树高度 2～3 m；

（2）采摘水果是球形的，直径 3～10 cm；

（3）伸缩杆长度 1.2～1.9 m；

（4）伸缩杆的质量约为 500 g；

（5）软管的长度为 250 cm；

（6）铁链长度约为 50 cm。

3）采摘方式的选择

有多种原理可实现剪切果实的功能，按果实从果蒂分离方式的不同可分为吸附式、抓拉式、剪切式等。根据抓拉式和剪切式制订以下两种方案：

（1）使用抓拉式装置进行采摘。优点：结构简单、操作方便、成本低。缺点：在拉扯果实时，由于力度不好掌握，果实表皮及果肉可能被破坏，从而破坏水果的完好性、新鲜度，也有可能在拉扯时损坏树枝，使得果树不能正常生长。

（2）使用剪切式装置进行采摘。优点：结构简单、操作方便、对果实及枝条的伤害极小。缺点：对果实的定位要求高。

我们设计的环形刀头，只需将果实套入切割装置中，就能实施全方位无死角的切割。设计的实时摄像头装置也便于观察刀头处是否有果实，防止树叶挡住采摘员视野而无法确定果实方位。在改装后的剪切式装置中，我们弥补了定位难的缺点，综合考虑，选取第（2）种方案。

4. 主要创新点

（1）通过简易的背架和给采摘杆一个支承点的方式，减轻了果农采摘时的负担，延长了有效作业时间。

（2）环形刀具通过机械制动，无须频繁调整刀具即可实现不同方位的果实的采摘。

（3）采摘刀具处附加有微型无线摄像头，可连接至固定在背架上的手机，以便实时观察和准确定位果实的位置，更好更精准地采摘果实。

5.作品展示

本作品的实物照片如图 4 至图 6 所示。

 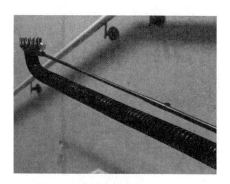

图 4　背架　　　　　　　　　　图 5　采摘杆

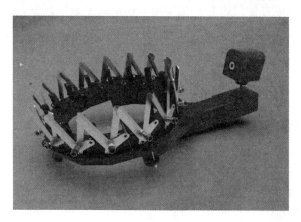

图 6　采摘刀具

参 考 文 献

［1］王新华.机械设计基础［M］.北京:化学工业出版社,2011.

［2］刘鸿文.简明材料力学［M］.5 版.北京:高等教育出版社,2011.

［3］陈秀宁,施高义.机械设计课程设计［M］.4 版.杭州:浙江大学出版社,2013.

［4］孙桓,陈作模,葛文杰.机械原理［M］.8 版.北京:高等教育出版社,2013.

［5］杨维纮.力学与理论力学(上册)［M］.2 版.北京:科学出版社,2011.

便携式菠萝辅助采摘装置

上海理工大学

设计者:葛云鹏　方开津　王宇航　郭梦凡　张婧雯

指导教师:钱炜

1. 设计目的

　　菠萝果肉饱满厚实、味道鲜美可口,且有着丰富的营养价值,一直深受人们的喜爱。但其植株和果实的特殊性限制了大规模机器采摘方式的使用,现阶段菠萝大多数仍靠人工采摘。菠萝叶子和果实上都长了刺,工人需戴着手套,频繁地大幅度弯腰采摘。基于市场上还没有帮助工人采摘菠萝的产品,我们设计制作了一个人工辅助采摘装置,可大幅度减小工人的弯腰程度,且操作简单方便。该装置主要用来辅助人工采摘菠萝,工人对装置进行简单操作,即可实现较小距离的高效采摘,且采摘为站立式的,避免了高频的弯腰或下蹲。

2. 工作原理

1)采摘装置的整体外观

　　该实用新型发明使用简单的机械结构组合,构成了一个可以辅助工人采摘菠萝的便携机械装置。结合菠萝的特性,该装置外形较小,工作可靠,通过简单的操作即可顺利完成采摘菠萝的过程。该装置每个机构完成的动作简洁可靠,采摘菠萝时步骤紧凑且无多余的环节。装置的整体结构如图 1 所示。

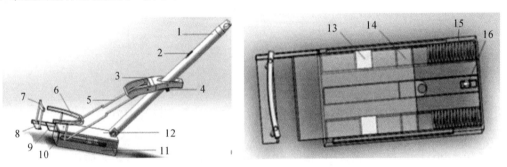

图 1　便携式菠萝辅助采摘装置整体结构

1—主杆;2—滑扣;3—手柄;4—卡扣;5—长连杆;6—夹爪;7—挡块;8—副刀板;9—主刀板;
10—短连杆;11—下主体;12—上主体;13—前滑块;14—后滑块;15—弹簧;16—锁钩

2)菠萝采摘装置的整体结构

整个装置由两个模块组成:一个是手持部分,另一个是工作部分。通过操作手持部分来控制工作部分,以达到其功能。主杆 1 长 50 cm,为空心结构,手握主杆上部,主体长 20 cm、宽 16 cm、高 5 cm,主杆和主体成 100°~120°夹角,可大大减小手持时承受的重力矩;主杆上装了滑扣 2,安装滑扣的槽开了个小孔,和中空主杆连通;手柄 3 通过销轴和主杆连接,使其可绕杆上的固定轴转动;卡扣 4 固定在手柄上,当手柄转到一定位置时,卡扣可卡住主杆,让手柄在工作过程中不再转动;长连杆 5 连接手柄和前滑块 13,用于传递运动,将手柄的转动转化成前滑块的平行滑动;夹爪 6 通过短连杆 10 和前滑块连接,一起跟随前滑块运动;挡块 7 固定,挡块和夹爪共同作用,起到夹持菠萝的作用;主刀板 9 和副刀板 8 上都安装了宽刀片,副刀板固定不动,主刀板相对副刀板可沿固定方向运动;上主体 12 和下主体 11 是整个装置的外壳,所有机构均安装在主体上,在主体的支承下完成工作。

3)各工作机构介绍

如图 2 所示,当装置处于待工作状态时,滑扣 2 通过弹性绳或柔性钢丝穿过它下方的小孔,连接到锁钩 16 上,张紧力使滑扣处于滑槽下方,此时手柄处于上拉状态,手柄 3、长连杆 5 和前滑块 13 组成了曲柄连杆机构,主杆 1 为机架,可通过控制手柄转动来控制前滑块的直线运动。工作时,先向前推动手柄,当夹住菠萝时,卡扣会卡住主杆,让其不受其他运动影响而运动;卡扣 4 分两级或三级,每一级都是开口的圆环状,圆环开口小于主杆直径,当用力向下推手柄时,圆环开口会由于受到一对反向的力而微张,滑过主杆最粗处而卡住主杆,根据菠萝的大小来选择卡扣级数。向上拉动手柄时,卡扣即做相反的动作。

如图 3 所示,副刀板和挡块都固定在从主体伸出的一根短粗杆上;主杆传递手柄运动给前滑块,使前滑块在滑槽里运动;当机构处于待工作状态时,将侧面开口横放到菠萝下部的果柄处,使菠萝垂直于主体,处在两刀板的中间,向下推动手柄时,夹爪 6 向前运动夹住菠萝,挡块 7 固定不动,和夹爪一起起到夹持作用,夹爪和挡块上都装有缓冲材料,以保证在夹紧菠萝的同时不伤害果实;之后拨动滑扣 2,主刀板随后滑块 14 向前运动,对菠萝的果柄进行切割,释放出的主刀板还可起到支承菠萝部分重量的作用,减轻夹持强度。随后将菠萝从植株上取下即可。

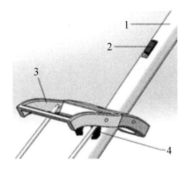

图 2　操作结构

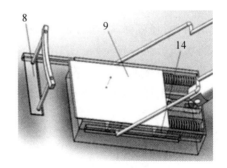

图 3　夹持切割部分

如图 4 所示,下主体上开有三个槽,左右两个大小相等且对称分布,中间一个较小;左右两个槽内分别对称分布着相同的前滑块、后滑块、弹簧(前滑块体积小于后滑块)。前滑块

13连着长连杆和短连杆,后滑块和主刀板固定,弹簧固定在主体后部,三者在槽内的运动既有独立性,又有一定的牵连性。开始工作时,主刀板后部的小圆环被锁钩锁住,后滑块挤压弹簧,此时弹簧为最大压缩状态,前滑块可自由前后移动;当夹紧菠萝时,前滑块向前移动,同时给后滑块的运动留出空间;拨动滑扣,锁钩松开,释放弹簧,弹出后滑块和刀片进行切割。滑槽到左端的一段设计得较窄,目的是让后滑块停止,防止撞上前滑块,此处也加了缓冲材料。割取完成,当要放下菠萝时,向上拉动手柄,前滑块向后运动,夹爪松开,即可放下菠萝,同时推动后滑块向后运动,压缩弹簧,当主刀板上的圆环再次被锁钩锁住时,装置就进入了待工作状态。

如图5所示,锁钩用圆销固定在上主体上,其正下方的下主体开了小槽,锁钩16上装了个小弹簧,起复位作用。当手柄向上拉时,主刀板上的小圆环把锁钩顶开,到了一定位置,复位弹簧顶住锁钩,穿过小圆环,向前顶住小槽壁;松开手柄,两槽内的大弹簧向前挤压后滑块,而小圆环套在了锁钩内不能向前运动;拨动滑扣2,锁钩向后转动,到了一定高度,小圆环脱离,弹簧向前将主刀板弹出。

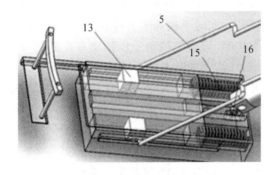

图4　弹簧、滑块运动部分

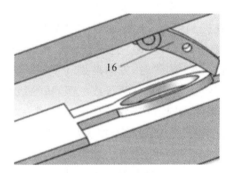

图5　锁刀结构

4)具体工作步骤

(1)手握主杆,将主体切割部分侧面的开口横着插到菠萝底部的果柄处,使果柄处于两刀之间,且主体平面和菠萝垂直,挡块挡住菠萝中部。

(2)向前推动手柄,根据菠萝大小,选择合适的卡扣级数,让夹爪和挡块夹住菠萝,卡扣卡住主杆。

(3)拉动滑扣,释放弹簧,让刀板对果柄进行切割(若出现特殊情况,菠萝没完全切下,可轻转装置,将菠萝沿切口拧下)。

(4)将菠萝从植株上取下,较慢地向上拉手柄,夹爪松开菠萝,让其掉入装菠萝的筐内。复位主刀板,松开手柄,即可采摘下一个菠萝。

3. 设计方案

(1)本设计运用了两个曲柄滑块机构:第一个是手柄、长连杆、前滑块;第二个是滑扣、柔性绳或钢丝绳、锁钩。该设计能较远地控制运动,加工制造较为简单,且能顺利完成所需功能,成本较低。

（2）本设计中，切割机构不用手直接完成工作，而是通过间接控制，利用卸菠萝时后滑块给弹簧的压缩能量完成切割，有效地优化了工作环节间的衔接，还可以让操作者与菠萝保持一定距离。

（3）本设计中最主要的工作在下主体的三个滑槽中进行，长滑槽限制刀具运动，让切割精度得到了保证，中间的浅滑槽让锁刀精度得到了保证；两边对称分布的滑槽里安置了相同的机构零件，让运动的稳定性得到了保证。

（4）本设计中，开口卡扣让夹紧状态得到了暂时保证；夹持装置上的缓冲材料对菠萝进行了有效保护；滑槽内的缓冲装置可有效吸收运动中的多余能量。滑槽内的运动既有独立性，又有牵连性，保证了装置机构动作的顺序。

（5）本设计中，整体装置大小合适、便携、操作简单、适用范围广。

4. 主要创新点

运用了两个曲柄滑块机构，能较远地控制运动，且制造较为简单，能顺利完成所需功能，成本较低。

5. 作品展示

本作品的实物照片如图 6 所示。

图 6　实物照片

参 考 文 献

［1］王新华.机械设计基础［M］.北京:化学工业出版社,2011.

［2］刘鸿文.简明材料力学［M］.5 版.北京:高等教育出版社,2011.

［3］陈秀宁,施高义.机械设计课程设计［M］.4 版.杭州:浙江大学出版社,2013.

［4］闻邦椿.机械设计手册［M］.5 版.北京:机械工业出版社,2010.

［5］孙桓,陈作模,葛文杰.机械原理［M］.8 版.北京:高等教育出版社,2013.

便携式高效高枝苹果辅助采摘杆

上海大学

设计者:陈昭霏　周沁宇　周燕飞　张鉴裕　江睿

指导教师:李桂琴

1. 设计目的

目前我国的水果采摘绝大部分还是以人工采摘为主。采摘作业比较复杂,季节性很强,若使用人工采摘,不仅效率低、劳动量大,而且容易造成果实的损伤。使用采摘机械不仅可以提高采摘效率,而且可以降低损伤率,降低人工成本,提高果农的经济效益。因此提高采摘作业机械化程度有重要的意义。随着现代农业的发展,果树的种植面积越来越大,果实的采摘问题也日渐突显。因此我们针对苹果采摘中存在的作业范围广(果实分布高低不均)等问题,展开小型辅助人工采摘机械装置或工具的创新设计与制作。主要目标是提高苹果采摘效率,降低劳动强度和采摘成本,保障苹果成品质量。

2. 工作原理

如图 1 所示,该采摘杆总体由切割装置、收集输送装置、供电装置三部分组成。机械构造包括主杆件、侧面手柄、滑轮、小桶等。

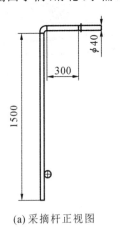

(a) 采摘杆正视图

(b) 采摘杆三维图

图 1　采摘杆

(1)切割装置为曲柄滑块机构,通过电动机来控制一个可往复运动的刀片,以便切割苹果蒂。杆为中空杆,电动机的导线从杆内部穿过,底部安装一电池盒,用两节干电池进行供电。

（2）收集装置设在刀片正下方，为防止苹果掉落时发生细小碰撞，在收集装置底部加设柔软材料。

（3）手动摇杆装置与钓鱼竿类似，连接的线也从杆的中间穿过，在内部转弯处设置滑轮，防止细线因摩擦而断掉。

（4）采摘杆的整体类似于一根拐杖。操作时，先用采摘杆的收集装置靠近苹果，使其处于苹果正下方位置，然后打开电动机按钮驱动刀片做往复运动，同时手微微转过一个小角度，便于刀片切割苹果蒂。苹果蒂被切断后，苹果顺势掉入收集装置中，再通过手动摇杆把收集装置放下至适当的高度，便于直接拿取苹果。

3. 设计方案

1) 设计改进的过程

在设计过程中，两个问题渐渐浮出，也是对苹果采摘装置最重要的两个问题：一是如何剪切？二是如何收集？我们就围绕着这两个问题展开讨论。

首先对于如何收集这个问题，我们最初的想法是通过管道滑下输送，但考虑到便携性以及该想法太普遍等因素，我们否决了该想法。我们的作品的灵感主要源自钓鱼竿，用钓取河里的鱼类比钓取树上的苹果。钓鱼竿的线是在外部的，但是对于我们的装置来说，因为有刀片的存在，为了防止刀片切割到钓线，我们将细线放置于杆内部，在内部转角处设置一滑轮，防止细线在转角处被磨损。通过细线配合收集筐，就能控制收集筐的上下运动，使高处的苹果输送到手边。

其次应考虑如何剪切这个问题。从国内外的研究成果来看，果柄的切割基本上采用以下两种方式：

（1）利用手腕的旋转和周转关节在抓牢果实后拧断果柄。这种方式对于果柄易断的果蔬较为实用（如西红柿的采摘），但对于果柄柔韧性比较高的果蔬则采摘成功率较低，且采摘机械需要比较大的操作空间，从而难于避障。

（2）利用切刀或者电极直接切断果柄。这种方法首先要对果柄的方位做出精确的检测，同时手腕要有必要的自由度。根据果柄的方位，由手腕调整采摘机械的采摘姿态后，切刀才能精准地切断果柄。这虽然可以提高采摘的成功率，但采摘效率较低，同时增加了结构和控制的复杂性，成本较高。

现在市面上所售的苹果采摘杆是通过手动控制三爪抓取苹果，我们原先计划用剪刀，类似这种三爪的原理，从下部控制剪刀的开合，但是因为想法类似，于是我们改用电动机控制。

我们原先设想的机构整体如图2所示。

原先的想法是采用三叶刀片，但是如果碰到茂密一点的枝叶，刀片可能会切下许多枝叶，枝叶也可能卡住刀片。而刀片过大会阻碍苹果进入收集装置，且这样的三叶刀片还有可能剪切与收集装置相连的细线。因此我们对刀片的位置以及样式进行了修改。

首先，刀片的位置从侧方移到了上方。这样就可省去原先设计的横杆，为苹果的套取留出更大的空间。其次,采用曲柄滑块机构(见图3)带动刀片往复运动,从而实现切割。这样可以缩小刀片的面积,即使刀片在收集装置的上方,也不会阻碍苹果的采摘,且可防止割伤苹果。

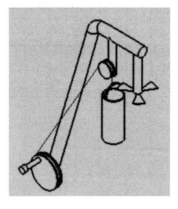 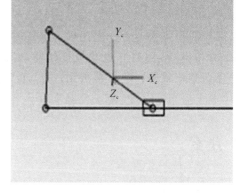

图 2 机构整体   图 3 曲柄滑块机构

2)机构整体分析

(1)省力,易操作。使用电动机带动刀片切割苹果,不需再用手外加作用力,利用滑轮机构收集苹果不但省力而且易于操作。

(2)避免高空作业。伸缩杆及滑轮式收集装置使得采摘者不必站在高处作业,此机构可以大大减小采摘高空苹果的危险性,提高苹果采摘的效率,有效地解决大型果园高空苹果无法采摘(危险系数大、采摘成本高)的问题。

3)电动机选择方案比较

根据转盘的转速较低、传递的扭矩较大,制订以下两种电动机选择方案:

(1)使用交流电动机驱动。优点:交流电动机功率恒定,转动平稳,传递的扭矩较大。缺点:用交流电动机将在接线时产生一定困难,必须要用电刷等装置才能不影响皮带旋转,但加工困难,制造成本较高。

(2)使用直流电动机。优点:直流电动机自带电源,不需要接插头,能满足皮带随转盘转动的工况。缺点:需给电池充电,功率和扭矩都较小,承受的负载较小。

综合考虑转盘和刀片的工作情况,选取第(2)种方案。

4. 功能及创新点

功能:完成对苹果的采摘和收集,取下小桶,可对树枝和树叶进行修剪。

创新点:

(1)单个刀片切割。与传统的剪刀式剪切不同,该装置采用单一刀片,利用往复运动的高速度将果实完整割下。

(2)滑轮传动收集果实。利用滑轮传动装置将苹果从高空运往地面,解决了大型器械采摘完苹果后收集烦琐的问题,避免了苹果意外落地砸伤及苹果表面划伤造成的经济损失。

5. 作品展示

本设计作品的实物照片如图 4 所示。

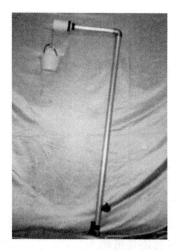

图 4　实物照片

参 考 文 献

[1] 陈秀宁,施高义.机械设计课程设计[M].4 版.杭州:浙江大学出版社,2013.

[2] 朱理.机械原理[M].2 版.北京:高等教育出版社,2010.

[3] 申永胜.机械原理教程[M].北京:清华大学出版社,1999.

[4] 王新华.机械设计基础[M].北京:化学工业出版社,2011.

[5] 闻邦椿.机械设计手册[M].5 版.北京:机械工业出版社,2010.

便携式水果采摘机

上海大学

设计者:谌稳帅　刘云龙　李新东

指导教师:沈健　汪地

1. 设计目的

水果的生产作业中,采摘是整个生产中最耗时费力的一个环节。采摘作业质量的好坏直接影响到水果的储存、加工和销售,从而最终影响市场价格和经济效益。研究和开发水果采摘的机器技术对于解放劳动力、提高劳动生产效率、降低生产成本、保证新鲜水果品质,以及满足作物生长的实时性要求等方面都有着重要的意义。水果采摘机械化具有广阔的应用前景。现今我国水果采摘绝大多数还是依赖人工,大型的采摘机械由于价格昂贵、操作复杂且对地形和环境要求高,因此目前在我国难以推广。而普通的简便式采摘机又存在采摘效率低、易损伤水果的问题。这就突显了设计一款效率高、体积小的水果采摘器的必要性。我们设计的便携水果采摘机能够实现连续作业,不仅效率高而且机器小巧便于携带。

2. 工作原理

本次设计的便携水果采摘机通过手握持管道使执行腔体的前端靠近被采摘的水果,轻触控制开关,负压装置工作,使执行腔体内形成负压,吸引水果靠近;喇叭口形的橡胶进气口由于进气区域缩小而表面所受吸力增大,迅速包覆在水果侧面,使执行腔体形成密闭空间,水果正面所受吸力急剧增大,瞬间被吸入执行腔体内部。

光电距离传感器感应到水果进入,反馈给控制部分,进而关闭负压装置。同时橡胶进气口进气区域的大小恢复正常,负压对水果和倒金字塔形挡板的吸力骤减,水果在自身重力作用下掉落而使倒金字塔形挡板打开,进而沿塑料软管滑向收集区域。倒金字塔形挡板在弹簧销轴的作用下复位,完成一次工作过程。本采摘装置因负压产生拉力,通过设置喇叭口形的橡胶进气口和倒金字塔形挡板,使得作业期间瞬间达到密封状态,对水果的吸力陡然增加,瞬间完成采摘,并能自动而迅速地进行收集且不对水果造成损伤。

3. 设计方案

1) 握持部分结构设计

机器的握持管道为人手握持部分,分为可伸缩的两段,一端与负压机的吸气管道及电子线路相连接,使得负压机的进气管道通过握持管道内部的进气管道与末端执行腔体相连接。而控制部分直接控制负压机的开关,也就是间接作用于执行腔体,使腔体内作业时形成负压,非作业时解除负压,实现作业的连续性。

2)作业腔体部分结构设计

机器的腔体前端为喇叭形橡胶软口,外端为大口,内端为小口。橡胶进气口采用具有较好弹性的光滑橡胶,当水果从橡胶进气口进入执行腔体内部时,橡胶进气口的喇叭口的缩小端被水果撑大,进而使水果顺利进入腔体同时也增加了对水果表面的吸力。腔体前部为圆柱形空腔,后部为半球形薄壁组织,其中心部分为孔洞,连接伸缩杆。在孔洞连接处安装防尘网,防尘网上端固定光电距离传感器,其中心正对橡胶口内端中心。

3)腔体密封结构设计

为实现在作业时达到良好的密封性,将水果接收装置设于作业腔体的下方,上部为方形空腔,与作业腔体的圆柱端后部相连接。装置的中部安装四片具有一定弹性的三角形挡板,各挡板边缘均倒圆角,使得在吸力作用下各挡板侧面相互紧密贴合,不仅不会发生卡扣现象而且增加了气密性,提高了对水果的吸力。每个三角形挡板通过弹簧销轴与三棱柱台相连接,在弹簧销轴的作用下三角形挡板内表面与三棱柱台的下表面贴合,限制三角形挡板的翻转角度,即使各个三角形挡板不同时复位也能准确地贴在一起。三角形挡板合拢时共同构成一个倒金字塔形,不易发生卡扣现象而出现难分离的情况。

4)水果接收装置结构设计

为了保证接收装置的可靠性与稳定性,在执行腔体内壁填充海绵类物质,防止水果碰伤。执行腔体后部为半球形,当采摘机构以一定角度采摘水果时,水果会落在半球形内壁上,继而滚落在倒金字塔形挡板上。

水果接收装置前端与倒金字塔挡板的出口相连接,水果在真空吸力作用下被吸入腔体,继而掉落在倒金字塔挡板内部,并将挡板砸开,倒金字塔挡板分离为四片三角形挡板。水果进入接收装置,接收装置中段为塑料软管,末端与下方的筐体相连接,水果进入管道后顺着软管滚入接收筐体内部即完成收集。

5)负压及控制部分设计

负压及控制部分采用循环工作式的设计。开启系统的总开关后,系统处在初始状态下,轻触脉冲开关,负压机进入工作状态,执行腔体工作,将水果吸入。被吸入的水果被传感器侦测到,传感器将信号反馈给控制器,继而控制器关闭负压机,系统又进入初始状态。

6)伸缩杆的设计

考虑到需要采摘的水果高度不一,对于稍高处的果子需要较长的杆体,因此将杆体设计为伸缩杆。目前阶段,由于制作材料强度的限制,先设计两段式伸缩杆,材料条件达到后可以根据使用要求改用三段乃至四段式伸缩杆。

两段式伸缩杆的前段为内段,后段为较粗的外段。内段通过外侧两条凸出的滑轨与外段内部与之配合的凹槽相连接,凸出的滑轨上每隔一段距离开一个槽口,在外段前端设置弹簧卡扣,在弹簧力作用下卡扣会卡入槽口位置,限定伸缩杆的相互移动。当按下按钮时,在杠杆作用下,卡扣升起,此时两段伸缩杆能够相互沿滑轨滑动,可根据需要采摘的水果的高度适当调整伸缩杆的长短,如图1所示。

伸缩杆采用薄壁中空管,负压机的管道和传感器的连接线置于其中,在满足强度需要和进气量的同时尽量减小管道直径,以减轻手持重量。

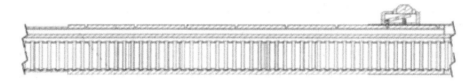

图 1 伸缩杆结构

7)动力来源设计

采摘的水果虽然近乎球形,但具有不确定的非规则性且大小不一,因此在采摘时需要较大吸力的同时还要保证足够的流量,以达到足够的密封性。经过反复论证,考虑到真空发生器等气源装置的空气流量达不到设计要求,于是采用肩背式负压机作为吸力的来源。

现阶段可以采用肩背式吸尘器作为负压机使用,由控制开关和控制器来控制负压机的开启和关闭。负压装置采用便携式真空泵,例如肩背式吸尘器,这使得本便携式水果采摘机具有造型小巧、密封性好、结构成熟的特点。使用时需进行相应的改装,包括去除空气过滤装置以提高工作吸力和空气流量。

8)材料选定

根据以上校核内容,初选方案中选定三角形挡板材料为7075铝合金,并初步选定作业腔体采用3D打印材料,为强度较高的聚碳酸酯。

在实际加工制造中,由于加工精度及装配精度等问题,材料强度的实际表现情况可能与理论有较大的差距。如果存在问题,需要根据实际情况对材料进行调整和更改,从而在保证材料强度满足要求的同时尽量减轻系统重量。

4. 主要创新点

(1)该设计采用真空吸力作为水果采摘的动力源,相较于传统的采摘机械采用的剪刀等装置,更加安全便捷且不会对水果本身及叶片和树枝造成损伤。

(2)该采摘机采用背负式的设计,携带方便,相较于传统采摘机推车式或者牵引式的设计,具有小巧便携的特点,摆脱了大型机械对地形地貌的限制,不仅平原地带,在丘陵和山林中同样能出色地发挥采摘作用。同样的,采摘杆体采用伸缩式的设计,节省空间便于携带而且能根据采摘的环境适当调整伸缩杆的长度以应对不同的采摘距离。

(3)该采摘机只设计有一个总开关和一个脉冲开关,作业时操作简易。

(4)该机构采用四片三角形挡板组成倒金字塔形的挡板结构,使得腔体内具有良好的气密性,而在水果掉落时,倒金字塔形的闸门反向极易开启,保证了机构的低故障率。而进气口采用挡网设计,可防止杂物进入负压机内影响机构的正常作业。

（5）该机构的收集装置位于采集装置的正下方，水果采集完后能立即沿收集管道进入收集筐体内，不需要人工从腔体内取出，工作效率高。而收集装置采用的曲折的橡胶软管设计保证了水果下落时不至于被磕坏而影响品质。

5. 作品展示

本设计作品的外形如图 2 所示。

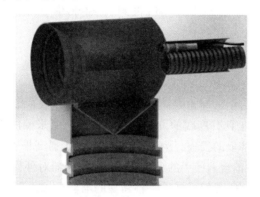

图 2　装置外形

参 考 文 献

[1] 金篆芷，王明时. 现代传感技术［M］. 北京：电子工业出版社，1995.

[2] 林邦杰. 深入浅出 C♯ 程序设计［M］. 北京：中国铁道出版社，2005.

[3] 申永胜. 机械原理教程［M］. 北京：清华大学出版社，1999.

[4] 王新华. 机械设计基础［M］. 北京：化学工业出版社，2011.

[5] 陈秀宁，施高义. 机械设计课程设计［M］. 4 版. 杭州：浙江大学出版社，2013.

便携式水果采摘装置

上海应用技术大学

设计者:冯邻国　侯捷　缪宇超　顾明俊

指导教师:张珂　郑中华

1. 设计目的

我国不仅是水果生产大国,同时也是第一消费国。国民对水果旺盛的需求为果园种植业创造了巨大的市场,果园种植业具有广阔的发展前景。传统人工采摘的方式易造成果实损伤,同时,采摘不及时将会导致经济上的损失。为了节约人力物力,提高果农的经济效益,开展采摘器械的研究有重要的意义。目前普遍使用的半自动机械式采摘器对外界环境伤害大、通用性差、操作复杂。基于这样的研究现状,我们设计了一种新型的电动机械式采摘机。该器械采摘时对外界环境干扰小、工作可靠方便、通用性强,适用于大多数果园种植水果的采摘。

2. 工作原理

根据分离果树与果实的方式,目前大部分末端执行器大体分为两类:第一类是强行拉断果梗来实现果实与果树的分离;第二类是先用夹具加紧果实,再通过剪刀、锯条、高压水枪、激光等工具切断果梗,从而将水果从果树上采摘下来。第一类采摘执行末端容易拉断其他枝条,对果树的伤害较大。而第二类采摘执行末端也存在较多缺点:其一,执行器在切断果梗之前,要先用夹具夹住果实,夹具的夹紧力很难控制,过小会导致果实脱落,过大则会损坏水果;其二,准确抓取果实对机器人视觉系统以及机械手的控制要求较高,微小的误差都会导致采摘失败。

本次设计采用的剪切执行机构的俯视图如图1所示。该切割装置由动定切割刀组和伺服电动机组成,控制系统通过控制伺服电动机往复旋转从而带动切割刀切断果柄。同时,我们建立了活动刀片在剪切果柄时受到的切应力模型并结合该模型对伺服电动机进行选型。采集水果时手动控制红外信号发射装置,单片机接收信号后控制电动机转动,进而对水果枝梗进行剪切。切割时,单片机通过实时监测伺服电动机的工作电流做出相应的控制策略,以防止果柄过硬刀片无法切断导致伺服电动机堵转的情况发生。切掉的水果经过下落口直接输送到水果采集箱当中,同时实现水果的摘取、收集工作。

红外发射装置如图2所示,该机构采用收缩式的折叠方法。这种折叠形式的特点是伸缩范围广,稳定性高,做工简便,原理简单,操作舒适。红外手控按钮在末端手柄处,按下按钮,电动机转动,开始剪切水果,操作简单易上手。

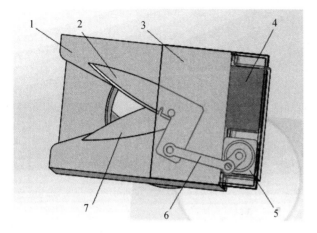

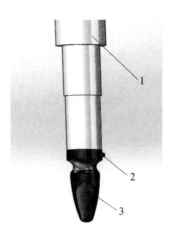

图 1　剪切执行机构俯视图

1—执行器主体;2—活动刀片;3—固定保护壳;
4—控制机构及电源;5—电动机;6—运动连杆;7—固定刀片

图 2　红外发射装置

1—伸缩杆;2—红外手控按钮;3—末端手柄

1)剪切机构

末端执行器切割机构用来分离果实与枝干,由固定在执行器主体上的刀片与曲轴、连杆及活动刀片组成。其中曲轴与连杆、连杆与活动刀片之间通过铰链连接,活动刀片的末端同样通过铰链连接在执行器主体上。这样活动刀片、连杆、曲轴和执行器主体构成曲柄摇杆机构。曲轴与电动机轴相连,电动机轴的转动可以转化为活动刀片的摆动,与固定在执行器主体上的刀片相配合,实现剪断果柄的功能。该机构还具有急回特性,大大缩短了切割时间,提高了机构的切割效率。伸缩机构与切割机构由同一电动机控制。刀片位于果实容器的正上方,这样剪断果柄的同时,果实也落入果实容器中。

2)回收装置

末端执行器回收机构用来存放果实,是一个没有底面的圆柱体容器,在圆柱体的下底面有一个可绕一轴线旋转的挡板,这样可控制容器的开合。它主要实现果实的临时存放与回收。当执行采摘操作时,挡板挡住圆柱体的下底面,果实可以盛放在果实容器中。当采摘完成,准备回收果实的时候,打开挡板,果实与执行器末端分离。切割机构的刀片与回收机构的相对位置固定。

3)杆件伸缩机构

本设计中的杆件伸缩机构,体积小、质量轻、弹性好、安装维修方便,工作时可以减振降噪。材料上选用特殊的硬质塑料,具有耐磨、抗腐蚀的性能。使用过程中伸缩补偿量大,承受压力大。

3. 设计方案

1)果柄所受切应力的计算

活动刀片进行切割作业时,果柄的受力如图 3 所示。切应力的计算公式为

$$\tau = \frac{F_s}{A}$$

式中：τ——果柄所受的切应力；

F_s——剪力；

A——果柄截面面积。

由于果柄可以近似地视为一个弯曲的圆柱体，因此视其截面为一个圆形截面，则圆柱体的截面面积为

$$A = \pi r^2$$

式中：r——果柄截面半径。

剪力 F_s 可由电动机提供的转矩得到：

$$F_s = \frac{M}{L}$$

式中：M——电动机的转矩；

L——切割点到电动机主轴的距离。

因此得到果柄受到的切应力为

$$\tau = \frac{M}{\pi r^2 L}$$

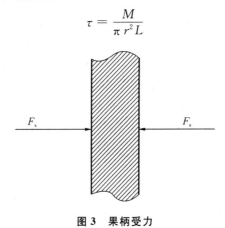

图 3　果柄受力

2）主程序的设计

主程序流程如图 4 所示。该程序的主要功能：初始化单片机内部各个功能模块；检测电池电压以确保整个系统供电正常；当检测到切割按钮按下后，调用采摘子程序。

初始化主要是对单片机内的各个模块进行配置。在初始化完成后，单片机对电池的供电电压进行检测，若电压过低则通过报警指示灯闪灭的方式进行报警。电池电压正常时，主控芯片检测切割按钮是否按下，同时考虑到干扰信号及按钮抖动的因素，延时 10 ms 再次检测按钮是否按下；两次检测都为按下才认为切割按钮按下并调用采摘子程序。采摘完成后，为了防止操作人员忘记松开切割按钮而导致操作失误的情况，主控芯片应检测切割按钮是否松开。如果此时切割按钮未松开，那么主控芯片应等到切割按钮松开后再进行电压检测，并等待下一次的切割按钮按下再进行采摘作业。如果切割按钮松开，那么主控芯片则直接进行电压检测，同时等待下一次的切割按钮按下再进行采摘作业。

3)子程序的设计

子程序的主要功能:控制伺服电动机转动以进行采摘作业;根据检测到的伺服电动机的驱动电流大小调整采摘策略;根据采摘策略,控制伺服电动机完成相应的采摘动作。

采摘开始时,单片机通过驱动电路控制伺服电动机正转,在伺服电动机正转时,通过调用电流检测子程序实时检测伺服电动机的驱动电流。当检测到电流接近堵转电流时,立即调用回位子程序,使活动刀片回到切割起始位置。当采摘机进行采摘工作时,若果柄太硬,无法一次割断,则伺服电动机会发生堵转。

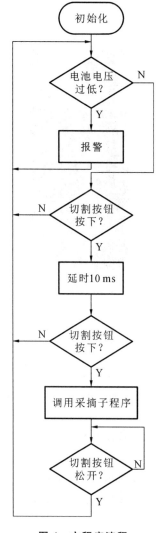

图 4 主程序流程

4. 主要创新点

采摘功能:采摘前,电动机位置角度处于原始状态,开始采摘时,操作者将待采摘的果实套入果篮,同时按压手柄红外发射装置按钮,使单片机控制电动机转动,进而带动切割装置进行剪切运动,实现水果枝梗的剪断功能。水果成功剪下后,自动落入输送口,传送到水果收集箱中,最后单片机控制电动机重新回到初始状态,等待下一次动作。

便携式功能:该机构支架杆能够自由伸缩,伸缩范围也比较大,能同时适用于高空采集和低空采集;完成作业后可收回成原始状态,方便携带和存放。

5. 作品展示

本设计作品的实物如图 5 所示。

图 5　实物展示

参 考 文 献

[1] 朱理.机械原理[M].2 版.北京:高等教育出版社,2010.

[2] 樊深,曹凡,杨振坤.小型可升降苹果采摘机的设计[J].农机化研究,2013,35(1):129-132.

[3] 钱少明,杨庆华,王志恒,等.黄瓜抓持特性与末端采摘执行器研究[J].农业工程学报,2010,26(7):107-112.

[4] 申永胜.机械原理教程[M].北京:清华大学出版社,1999.

[5] 王新华.机械设计基础[M].北京:化学工业出版社,2011.

基于双滑块剪切的便携柑橘采摘工具

上海大学

设计者：曹芷彦　耿昊　孔耀辉

指导教师：解杨敏

1. 设计目的

水果采摘一向是果农工作中必不可少的一部分。而水果的成熟期相对集中，数量大，需在短时间内采收完毕，因此每年都需要消耗大量的人力物力采收。以柑橘为例，在采收柑橘时，果农通常手持剪刀将树上的柑橘剪下，然后放到脚边的果篮里。由于柑橘生长的位置各异，采收效率不高且费时费力，因此果农们需要一个可以辅助他们进行水果采摘的轻便的机械结构。为此我们设计了一款能减轻果农劳动强度的机构。

2. 工作原理

对于采摘部分，在设计之初我们考虑了两种结构，一种是依靠带刀片的剪切机构来采摘，另一种是利用仿生的原理，通过软体手指向下搜产生拉力将果实采摘下来。

经过调研后，我们否定了后面的一种方案。我们了解到，柑橘在市场上售卖时要求保留柑橘的茎干。但柑橘茎干和果实的连接部分比较脆弱。如果采用直接搜取的方式不仅达不到保留茎干的要求，而且会破坏柑橘的外果皮，导致水果的采摘质量下降。因此，我们选择了前一种方案，利用与人工采摘类似的剪切机构来完成机械辅助采摘。

我们设计的采摘机构先考虑了剪刀式的杠杆机构，但是考虑到杠杆机构需要满足对柑橘茎干的精确对中性的要求，我们设计了用双滑块机构来实现剪切的过程。

3. 设计方案

1）总体设计框架

我们的便携式柑橘辅助采摘工具分为两个部分，一个是采摘部分，另一个是收集部分。我们使用一部分结构将水果采摘下来，用另外一部分结构收集水果。我们调研的柑橘比较小，对此设计刀架结构尺寸为 60 mm×160 mm×10 mm，位置保持结构尺寸为 60 mm×70 mm×80 mm，省力滑轮尺寸为 105 mm×95 mm×32 mm 的手持式辅助装置。这个机构的尺寸可以根据不同果型采摘的要求进行相应的改动，不影响整体的使用功能。

整体框架如图 1 所示,使用碳纤维管支承各机构,用 PLA 材料 3D 打印复杂结构。由上往下依次是:

(1)剪切机构——对称刀片用于柑橘果柄的剪切,连杆实现对刀片的作动;

(2)收集机构——用于对剪断的柑橘进行定位收集和保持剪切时柑橘的位姿;

(3)省力机构——经典滑轮组结构,用于放大力;

(4)吸气装置——气动产生吸力方便吸入柑橘。

该装置整体可完成柑橘从摘取到收集的过程。

图 1 整体框架

1—剪切机构;2—收集机构;3—吸气装置;4—省力机构

2)剪切机构设计

双滑块剪切机构采用了碳纤维管导轨的形式,上面采用了两个滑块,我们在另一边设计了一对对称的结构来架设刀片,如图 2 所示。两个刀片的相互运动实现闭合剪切,就可以将柑橘的茎干剪断。

图 2 双滑块剪切机构

1—滑块;2—复位弹簧;3—碳纤维管

(1)自动复位机构。

在传动方面,我们考虑了两个过程。一个是剪切的正运动方向,即刀片相对靠近的过程,另一个是刀片的复位过程。我们先解决复位问题,因为我们采用了双滑块的机构,所以复位时只需要提供一个横向的力将滑块推开。此处我们选择了弹簧复位机构,利用弹簧力将滑块自动复位。

(2)同步运动机构。

接下来我们设计了刀片相对靠近运动过程的传动。为了简化运动,考虑同时实现两个滑块的运动,我们在单侧设计了图3所示的连杆机构,给连杆施加一个向下的力,即可带动两个滑块向中间运动,滑块再带动刀片运动实现剪切。

为了保持两侧运动的一致性,我们在中间设置了一个手柄,将两侧的连杆结构组合起来,如图4所示,下拉手柄可以同时作动两个连杆组。

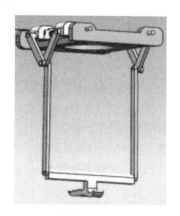

图3　连杆下拉机构　　　　　图4　下拉手柄

3)省力机构设计

通过讨论,我们决定利用滑轮组的省力特点来进行省力机构的设计。考虑到动滑轮组省力但是会加大距离,我们将滑轮组设计为横向的。具体结构如图5所示。

通过受力分析我们可以将下拉需要的力F_1经滑轮减小,得到的相关关系是$F_4 = 1/6 \, F_1$,这样就达到了省力的目的。

我们得到的最终力为

$$F_3 = \frac{F_1 \tan\theta}{2} = \frac{6F_4 \tan\theta}{2} = 3F_4 \tan\theta$$

最终,我们只要施加一倍的力就能得到六倍的动力。

4)收集机构设计

我们利用吸力牵引柑橘进入洞口,不用人工精确对中,省时省力,再用两块挡板挡住入洞的柑橘,达到位姿保持的效果,让刀片能够顺利剪切果柄。限位铰链使刀片的剪切位置和挡板的打开位置具备一定的关系,保证收集过程的实时性。

(1)吸气装置。

我们采用吸气泵持续产生吸力,使柑橘在接近洞口时自动吸入,不用人工对中,减轻劳动量。

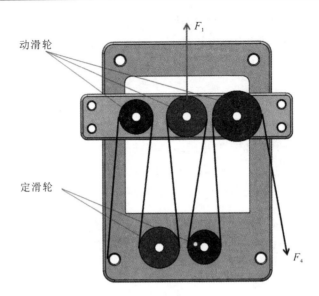

图 5 滑轮组

（2）位姿保持和顺序控制装置。

刀片装置下方有一个长方体壳，内安装有两片轴向固定且可自由旋转的挡板，起始时下方以一定角度闭合，柑橘下落时抵住柑橘不动，保持柑橘与刀片的距离，方便刀片对果柄的剪切。

如图 6 所示，长方体壳外面对称安装两个铰链，用螺钉固定在外壳上，铰链之间连接两个弹簧，内部挡板上端用一根绳子通过外壳的一通孔与外部铰链下端连接，形成外部铰链顺时针旋转时内部对应挡板逆时针转动的相互关系。三连杆中心另串联一个拨子，其顶端能与铰链中部接触，在三连杆下降到一定位置时能够拨动铰链，形成刀片位置和铰链位置的相对关系。

图 6 位姿保持和顺序性装置

因此，通过对结构中的挡板尺寸、挡板中心轴定位尺寸、绳长尺寸、绳两端固连位置、铰链固定位置、弹簧刚度和拨子长短高低尺寸进行设计调试，可以满足三轴连杆在竖直方向的位置与挡板的位置的对应性以保证作动的顺序性。

整体流程是：柑橘吸入装置中后被两块挡板挡住，刀片开始剪切，剪断果柄后，拨子到达铰链位置，拨动铰链，使挡板打开，柑橘落入管道再至框内。

4. 主要创新点

主要创新点如下：

(1)气泵吸气引柑橘入洞，双滑块机构剪切，无须精确对中；

(2)利用绳索挡板结构保持柑橘与刀片的距离；

(3)铰链弹簧与拨子的限位作用保证了作动的顺序。

5. 作品展示

本设计作品的整体结构如图 7 所示。

图 7　整体结构

参 考 文 献

[1] 王新华.机械设计基础[M].北京:化学工业出版社,2011.

[2] 刘鸿文.简明材料力学[M].2 版.北京:高等教育出版社,2008.

[3] 何宇.气吸式小浆果收获机设计及输送系统参数的试验研究[D].哈尔滨:东北农业大学,2015.

[4] 申永胜.机械原理教程[M].北京:清华大学出版社,1999.

[5] 陈秀宁,施高义.机械设计课程设计[M].4 版.杭州:浙江大学出版社,2013.

便携式水果采摘器

上海理工大学

设计者:陈学华　陈树鑫　黄盛举　张勋　卢裕尔

指导教师:钱炜　施小明　朱文博

1. 设计目的

　　果园种植业的发展催生了果园机械市场,在整个生产中,采摘果实所耗费的劳动力占据整个生产过程的 50%～70%。目前果园机械采摘方法主要分为机械辅助采摘和机械化全自动采摘两种形式。机械化全自动采摘普遍存在果实识别率偏低、损伤率较高、制造成本高等问题。目前市场上商品化的采摘器品种比较单一,且价格昂贵、操作不便,为了解决上述问题,我们设计制作了一个简易的机械辅助采摘装置,即便携式水果采摘器。此装置使果农在地面上就可以进行水果的采摘,无须爬树采摘水果,提升了水果采摘的效率,并使工作环境更加安全。

2. 工作原理

　　本次的设计发明为采摘硬质水果这一农业应用领域提供了新的思路和更为简单省力的方法。这款水果采摘器基于钢丝带动插销的原理,对手柄处可转动手杆施加压力使其转动。在壳体内手杆和钢丝固定,手杆转动的同时带动钢丝下拉,而钢丝的顶部又会带动插销,由于两个半球壳和插销连接在一起,带动插销的同时也实现了半球壳的闭合。球壳闭合后水果的位置被固定,不发生晃动。与此同时,手杆的转动又会触发电动机工作,从而使球壳顶端的刀片旋转,切割果柄,实现水果的采摘,一个工作流程结束。球壳可根据水果的大小进行拆卸替换,以适应不同大小的水果。

3. 设计方案

　　采摘器的整体结构示意图如图 1 所示。

　　本设计中,采摘器的手杆部分设计成类似自行车把手的装置,考虑到人的发力习惯,稍微按压手杆即可使装置工作,不费力,适用于广大人群。

　　本设计中,按压手杆,拉动钢丝,钢丝再拉动插销,插销带动球壳闭合。由于插销处装有复位弹簧,松开手杆,插销也复位,从而球壳张开。

　　本设计中,装置的直杆部分是空心的,材料是铝合金,这样大大地减轻了整个装置的质

图 1　整体结构示意图

量,从而可减轻果农的劳动强度。除此之外,直杆一分为二,中间部分用铰链连接,这个设计便于果农们将直杆收折存放,节约空间。

本设计中,有两个运动半球壳,其中一个球壳顶点的位置开了一个小圆弧槽,这个设计便于人们很快地定位好果柄的位置,将果柄卡到槽内完成定位。在切割的过程中,这也避免了水果左右摇晃,避免了果肉被切割的情况。

本设计中,手杆有两个作用。当电动机的开关关闭时,手杆的按压仅仅会带动球壳闭合;当电动机的开关开启时,手杆的按压不仅会使球壳闭合,同时也会带动电动机工作,使刀片高速旋转,切割果柄。这样的设计很好地解决了安全方面的问题。当电动机关闭时,不用担心高速旋转的刀片会伤及他人。由于电路和钢丝串联,手杆也充当了启动刀片运动的开关,这样大大简化了采摘的过程,提高了效率。

4. 主要创新点

该便携式水果采摘器能实现快速定位水果位置,利用旋转刀片将果柄切断,摘取水果。手杆处电路和钢丝串联的设计也在一定程度上改善了安全性问题,且提高了摘果效率。刀片的设计也减小了水果被损伤的风险。装置十分轻巧,质量在 1 kg 左右,便于存放。整个装置成本低,适于向大众推广。总之,摘果快、装置轻、造价低是此装置的最大特点。

5. 作品展示

本设计作品的实物如图 2 所示。

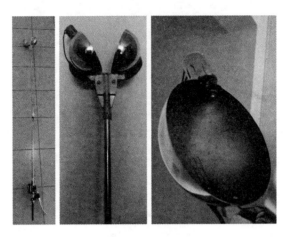

图 2　装置实物

参 考 文 献

[1] 曹晓明.机械设计[M].北京:电子工业出版社,2011.

[2] 郑金兴.机械制造装备设计[M].哈尔滨:哈尔滨工程大学出版社,2008.

[3] 陈秀宁,施高义.机械设计课程设计[M].4 版.杭州:浙江大学出版社,2013.

[4] 申永胜.机械原理教程[M].北京:清华大学出版社,1999.

[5] 成大先.机械设计手册[M].5 版.北京:化学工业出版社,2007.

便携式水果采摘收集一体化装置

上海大学

设计者:邓云铭 鲁琼 张尽伦 陈佳悦

指导教师:李文彬 李佳俊

1. 设计目的

目前大多数水果的采摘主要依赖人工,存在费时费力、效率低下以及水果采摘成本较高等问题。为解决以上水果采摘中存在的问题,我们设计了一款便携式水果采摘收集一体化装置。本装置极具创新性,结构精巧,使用方便,在实际运用中能有效解决大型果树采摘难的问题,同时大大提高采摘效率,有望在水果种植业中得到广泛的应用,服务社会。

2. 设计原理

本装置自上而下分别由采摘齿轮剪、与齿轮剪相连的拉伸手杆、可任意改变方向和长度的柔性管道、带海绵的螺旋滑梯缓冲带以及自带收集箱的可折叠四轮推车组成。其中,拉伸手杆的内部类似于精密滚珠丝杠滚珠螺母的变形体,即麻花杆,可通过上下拉伸带动手杆内部螺纹旋转,进而带动手杆顶端的小齿轮旋转,小齿轮带动齿轮剪的中齿轮旋转,最终通过大齿轮的旋转实现齿轮剪的打开与闭合。其中,齿轮传动可以达到省力的目的,同时能顺利且精准地将水果摘下。

由齿轮剪摘下水果后,水果将进入柔性管道,同时需要强调的是,柔性管道可以随时改变其运动方向和管道的整体长度,以方便多方位、多角度、精准定位采摘水果的位置。

柔性管道下端连接的是一个螺旋状敞口减振缓冲装置,其中设有海绵片,起到缓冲、减振的作用,减少水果下降过程中重力和机构对水果造成的物理伤害。装置下端的盛果四轮推车箱体内部的底端是一个斜坡,利用水果的重力可实现自动化整箱装满的过程。

3. 设计方案

我们将便携式水果采摘收集一体化装置分为五大部分,分别为:车架设计、原动装置、传动装置、传送装置、缓冲装置。在明确采摘对象后,从采摘方式——齿轮剪的创新设计开始,进一步完善整体设计。通过多次对各种机构的设计进行优化后,小组成员讨论出了最优的方案并建模装配。

1）原动装置

（1）设计原理。

本装置的原动装置是一种手压式拉伸采摘杆，包括相互套接的内部螺旋结构（见图 1）和外杆体（见图 2）。外杆体内设有螺旋沟槽的转动套，转动套上端与外杆体固连的导向轴芯相连，导向轴芯的下端是可沿导向轴芯转动的旋转导件。旋转导件可在挡部与制动部间上下小距离移动，且移动至最上端时，其上端面与制动部下端面止转配合；移动至最下端时，其上端面与制动部下端面相脱离。旋转导件外围沿周向均布有与所述螺旋沟槽相配合的凸部，下压外杆体，旋转导件通过与凸旋沟槽相互配合带动转动套旋转；上拉外杆体，旋转导件通过与凸旋沟槽相互配合带动转动套逆向旋转。

图 1　手压式拉伸杆内部螺旋结构　　　　图 2　手压式拉伸杆外杆体

（2）设计难点。

外杆体的上拉下压范围应较小，防止在工作过程中齿轮剪出现锁死现象；外拉杆的杆体应采用较轻便且高强度的新型高分子材料，确保使用过程的便携性，保证机构使用过程中利用杆件机构定位水果位置时省力轻便。

2）传动装置

本装置的从动机构为与原动装置相连接的齿轮剪，齿轮剪由小齿轮、中齿轮、大齿轮以及剪刀部分组成。齿轮剪一端与原动装置拉伸旋转杆相连，另一端与起传送作用的柔性软管相连（见图 3）。

在装置工作时，操作人员操纵拉伸手杆，带动小齿轮转动，在一定的传动比下，小齿轮转动带动大齿轮转动，大齿轮的转动实现齿轮剪的闭合与打开，最终顺利将水果枝条和果茎剪断，将水果摘下。设计合理的传动比，可达到省力的目的。

3）传送装置

在本设计中，传送装置是将原动装置、传动装置作用的结果传递给收集装置的中间装置，能够起到减速、缓冲作用，可改变运动方向以满足工作装置需要，使采摘过程和收集过程一体化，是该机器的重要组成部分。我们考虑到传送装置是否合理将直接影响到该机器的

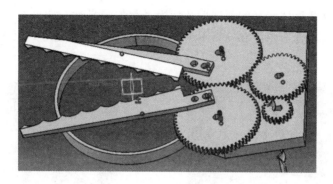

图3　齿轮剪

工作性能、重量和成本,故设计出一款除满足工作功能外,结构简单、制造方便、成本低廉、传动效率高及使用方便的装置。

　　运输过程采用两级传送,第一级为柔性伸缩管道传送(见图4),第二级为螺旋缓冲带传送,定义其为缓冲装置。

　　第一级的管道传送设计灵感来源于排烟管(见图5),价格低廉且材质便于运输,可任意改变其方向和形状。在本设计中,管道采用柔性材料,可以任意改变方向和形状。齿轮剪采摘完毕后,水果将顺着柔性管道传送到缓冲装置中。

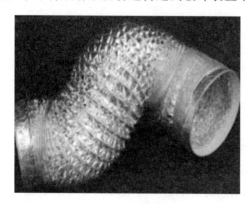

图4　柔性伸缩管道

图5　排烟管

4)缓冲装置

　　螺旋滑梯缓冲装置(见图6)的外部结构材料为塑料,其内部垫有软橡胶,以起到缓冲作用,确保水果的完整性,同时可改变苹果的运动速度,便于收集。

5)车架设计

　　(1)基本功能。

　　本装置的辅助机构为一辆四轮推车(见图7),车身为空心框架的长方体,可折叠以节省空间,车厢底部为倾斜的缓坡,内可倾斜放置纸箱,水果被剪下后沿着传送装置和缓冲装置进入小车内的纸箱。在倾斜的条件下,水果可以利用自身重力,实现自动化整箱装满。

　　(2)设计要求。

　　小车车体不能采用过轻的材料,避免在使用过程中出现重心不稳的现象,同时也不能使用过重的材料,以保证整体装置的便携性及使用过程的简易性。四个车轮应具有一定的尺寸,充分考虑水果园内地面泥泞和崎岖不平等情况,避免在采摘过程中出现车轮下陷、行驶不稳等现象。

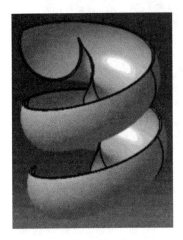 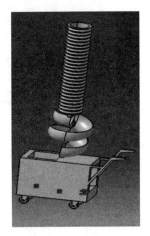

图6　螺旋滑梯缓冲装置　　　　　图7　运输收集小车

4. 主要创新点

(1)水果采摘收集一体化,高效、方便。

目前市面上的水果采摘器一般每采摘一个水果就要放下或收缩一次采摘手杆,然后进行人工收集。该一体化装置可实现采摘水果的机械自动传送、自动收集,能大大缩短采摘时间,提高采摘效率。

(2)原动装置——拉伸控制手杆的创新。

借鉴旋转拖把和“竹蜻蜓”中将直线运动转换为旋转运动的原理,我们设计出了拉伸手杆,通过其内部的螺旋状麻花杆实现齿轮转动,从而使剪刀完成较高地方的剪切工作,并保证精准采摘。这样在采摘过程中,仅需拉伸即可实现采摘过程,更加省力、方便快捷。

(3)传动装置——齿轮剪的创新。

运用齿轮的传动比来节省人力。使用齿轮组合,小齿轮带动中齿轮,进而带动两个大齿轮旋转,从而实现齿轮剪的打开与闭合,这样的齿轮传送装置更加省力。

(4)齿轮剪与控制手杆结合,精准采摘。

采摘过程中只需对准目标,拉动控制手杆,即可实现采摘收集的全过程。不但可实现精准采摘,还可大大提高采摘效率。

(5)采用柔性管道传送,灵活方便。

柔性管道可任意改变形状和方向,以辅助控制手杆对准目标,在齿轮剪采摘水果后,也能保证水果直接进入传送管道,使采摘过程变得轻松灵活。

(6)柔性软管、齿轮剪、拉伸杆三者连接。

这种方式使得在人工操作下可任意改变运动方向和运动高度,消除纯机械控制的不灵活性,实现对水果的精准定位。

(7)采用螺旋滑梯缓冲带,并内设软橡胶。

在自动化收集的同时有效减少机构对水果的物理伤害。

(8)带斜坡的折叠小车,便于携带,自动收集。

小车底端由四个万向轮组成,方便运输推送。车体周边可折叠,大大节省存放空间。箱底的斜坡也使水果进入车内时可自动排列整齐,有效地缓解了水果进入箱内的局部堆积问题。利用水果自身的重力和球形特性实现水果自动装箱,减少了水果收集所耗费的大量人力物力,大大提高了收集效率。

(9)小车自身的高度和拉伸杆足够的长度,可实现对枝干较高的水果的采集,避免了人工上树的不方便和危险性。

5. 作品展示

本设计装置的外形如图 8 所示。

图 8　装置外形

参 考 文 献

[1] 王新华.机械设计基础[M].北京:化学工业出版社,2011.

[2] 陈秀宁,施高义.机械设计课程设计[M].4 版.杭州:浙江大学出版社,2013.

[3] 单辉祖,谢传峰.工程力学[M].北京:高等教育出版社,2004.

[4] 申永胜.机械原理教程[M].北京:清华大学出版社,1999.

[5] 成大先.机械设计手册[M].5 版.北京:化学工业出版社,2007.

简易实用的水果采集杆

上海海洋大学
设计者:程家豪　马宏松　顾越逸
指导教师:姜波

1. 设计目的

在水果的生产作业中,收获采集是最耗时费力的一个环节。水果收获期间需投入的劳力约占整个种植过程的 70%。采集作业质量的好坏直接影响到水果的储存、加工和销售,从而最终影响市场价格和经济效益。水果收获采集具有很强的时效性,属于典型的劳动密集型的工作。但是,由于采集作业环境和操作的复杂性,目前水果采集的自动化程度仍然很低,国内水果的采集作业基本上还是手工完成。在很多国家随着人口的老龄化和农业劳动力的减少,劳动力不仅成本高,而且越来越不容易得到,而人工采集水果所需的成本在水果的整个生产成本中所占的比例高达 50%。高枝水果的采集还带有一定的危险性。因此实现水果采集的机械化变得越来越迫切,发展技术、研究开发水果采集器具有重要的意义。目前大多果园和农场采集水果,例如苹果、梨、橘子、桃子、柠檬、石榴等,都是采用人工采集的方式。由于这些长在树上的水果比人的身高要高一些,因此需要耗费大量的人力成本,且存在一定的安全隐患。我们设计的水果采集杆可以轻松地采集到高处的水果,极大地减小了人的劳动强度,提升了工作效率,而且可以让没有足够经验的人也能体验农事。

本作品的意义主要有以下几点:

(1)提供在地面方便地采集高处的水果的可能性。

(2)降低果农采集水果的劳动成本和劳动强度,同时提升他们的劳动效率。

(3)我们设计的新型水果采集杆有一定的趣味性,可以帮助生活在城市的人们更加简便地参与农事,体验自然的乐趣,增加人与自然的融合。

2. 工作原理

我们的采集器建立在一根长 1.17 m 的杆上,按下 R13-507 16MM 自复位不自锁按钮点动开关,将电动机的电信号传入导线;导线接入 K601 型可充电聚合物锂电池,将电池中的能量释放在 775 扁桃 D 型削边轴电动机上,使它满负荷运转;电动机与高速钢刀片用一根轴连接,带动高速钢刀片高速切割被月牙形底座精准卡入的藤蔓。水果顺势掉入用高弹力网制作的采集器里。

3. 设计方案

1) 总体设计构想

为了帮助人们采集到位置较高处的水果,需要使用杆类工具来扩大人可以采集到的范围。所以我们的构想是使用一根具有高硬度且比较轻质的杆。我们设计采集杆的灵感来源于最原始的镰刀,目的是打造出非常轻便且易于携带的工具。采集杆的动力源有很多种选择,我们需要的动力源要求有较强的动力去切割藤蔓,但是需要压缩电动机的大小和重量以减小手臂受到的力,所以需要在动力和尺寸上找到平衡点。动力源必须有足够的电力驱动电动机,并有一定的可移动性,且接在采集杆上不影响结构的稳定性和轻便性。每次充电后应可以完成一天的任务。在刀片的选择上需要考虑刀片的材料、形状和尺寸。刀片要足够耐磨,以应对连续的切割,并且要轻薄和锋利。采集杆底座需要特别定做,使切割更加简单精准,并且同样需要使用轻便耐磨的材料。此外还要有防止误操作的保护措施,并要考虑整个采集杆底座上各部件之间的连接方式、走线方式,以及结构的稳定性。在采集器和杆的连接上需要保证切割的力不至于使连接部位损坏和错位。

2) 基本参数确定

我们的采集杆中有多处尺寸需要通过不断的尝试分析来做最终的决定,采集杆以轻便为出发点,再尽力追求高效。我们在以下几个部件上做了参数的确定。

(1) 杆的长度与直径。

首先我们通过人因工程思想计算疲劳度的方式,计算了树枝上的水果到地面的距离以及手臂的长度,随后购买了多个尺寸的杆,我们得出外径为 32 mm、长度为 1 m 的杆最为合适。杆的材质选择有 PVC 和不锈钢等。根据轻便性要求我们选择了能够提供足够韧度、厚为 3.2 mm 的 PVC 杆。PVC 杆的优点有以下几个方面:

①具有较好的抗拉、抗压强度。

②流体阻力小:PVC-U 管材的管壁非常光滑,对流体的阻力很小,其粗糙度系数仅为 0.009,输水能力可比同等管径的铸铁管提高 20%,比混凝土管提高 40%。

③耐腐蚀性优良:PVC-U 管材具有优异的耐酸、耐碱、耐腐蚀性,不受潮湿水分和土壤酸碱度的影响。

(2) 底座的形状和材料。

底座是我们的原创,灵感来自于镰刀。我们希望可以通过手腕扭动的方式将蔬果采下,而这需要底座形状去保证。在地面采集高处的水果时,我们设计的月牙形进刀口可将藤蔓嵌入,使它准确地靠近刀片,再轻松地切割下来。通过在众多材料中逐个尝试,最终我们选择了亚克力板作为底座材料。亚克力板最主要的优点有以下几个:

①硬度。亚克力板材硬度是可以很好体现生产工艺和技术的一个重要参数,也是品质控制中的一环。硬度能反映出原料 MMA 的纯度、板材耐候性以及耐高温性能等。通过硬度可以直接判断板材是否会收缩弯曲变形,加工时表面是否会出现皲裂等情况。硬度是评判亚克力板品质好坏的硬性指标之一,亚克力板平均洛氏硬度值达 89 左右。

②耐候性。亚克力板对自然环境的适应性很强,即使长时间日光照射、风吹雨淋也不会使其性能发生改变,且其抗老化性能很好,在室外也能安心使用。

③透明度。现代化的生产工艺制作,确保板材极佳的透明度和纯白度,火焰抛光后晶莹剔透。

(3)刀片的直径与厚度。

刀片需要根据底座来选择,我们要求刀片尺寸略微小于底座以确保在精确切割藤蔓的同时不会误伤自己。我们选择直径为 60 mm 且齿数为 72 的刀片,厚度尽可能薄,选为 1.0 mm,材料选择高速钢。高速钢具有较高的强度和韧度,刃磨后切削刃锋利,质量稳定,一般用来制造小型、形状复杂的刀具。

我们设计的底座和刀片分别如图 1 和图 2 所示。

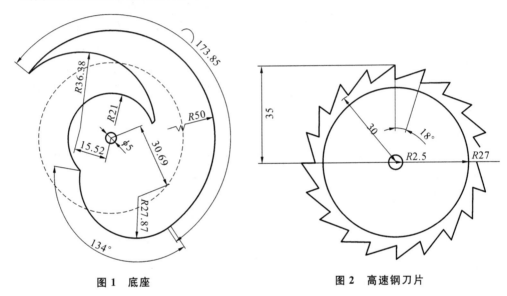

图 1　底座　　　　　　　　　　　图 2　高速钢刀片

3)电动机选择方案比较

纳入考虑的电动机有 775 双滚珠轴承电动机、775 扁桃 D 型削边轴电动机、795 双滚珠电动机。

经过研究探索以及逐个比较,我们发现三个电动机的动力与扭矩都足够推动刀片的正常高效运转。虽然 795 电动机有更加强大的动力,但是它的电量消耗过快且重量过重,不适合本产品。两种 775 电动机在动力方面的差别几乎可以忽略。我们在底座上分别安装这两个电动机,发现 775 扁桃 D 型削边轴电动机能够使成品采集器更加紧凑和轻便。所以最后选择了 775 扁桃 D 型削边轴电动机。

4)电源选择方案比较

为整个采集器提供电源的方案有很多,可以是锌锰电池、碱性电池或锂电池。我们在分析了电动机的额定电压与电流、刀片能够承受的转速后,选择了锂电池。锂电池在各个方面都完美地契合了我们的需求:高能量密度、高电压、无污染、不含金属锂、循环寿命长、无记忆效应、充电快速。

根据我们的条件,电源有以下四种选择:K501、K601、K604、K609。

在本身电压不高的情况下,我们需要让电动机发挥出全部的动力,所以我们选择 24 V 的电源让电动机带动刀片更加轻松地切割。充满电之后,经过我们一下午的采集试验,测量发现平均只消耗了 887 mA·h 的电量,所以不必采用 K609 的大电池设计。最后,在相近的 K601 和 K604 之中,我们选择了外形更加方正的 K601。

4. 主要创新点

采集功能:长度为 1.17 m 的采集杆最适合人们去采集高处水果,775 电动机可以用来提供 15000 转的动力,电动机由 24 V 锂电池驱动,能够保证持久和强劲的能量。可拆卸式设计进一步加强了整个装置的轻便性。高速钢刀片具有极好的耐磨性,保证了刀片的耐久性。月牙形的亚克力板底座设计可以精确对准藤蔓。而使用热熔胶连接,使得杆与采集器的连接更加稳定和轻便。另外,底座设计应用了人因工程的思想,增加了一层热熔胶以提升防滑性,让其可以稳固地放在地上。

收集功能:使用高弹力网可以在水果掉下来的时候极大地减缓水果因碰撞而产生的应力,而且省去了拿水果篮的操作,可以降低人的劳动强度。

5. 作品展示

本设计作品的照片如图 3 所示。

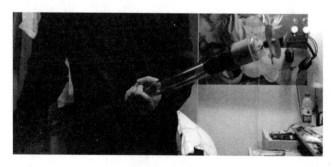

图 3 作品照片

参 考 文 献

[1] 丁玉兰.人机工程学[M].4 版.北京:北京理工大学出版社,2011.

[2] 李乐山.工业设计思想基础[M].2 版.北京:中国建筑工业出版社,2007.

[3] 成大先.机械设计手册[M].5 版.北京:化学工业出版社,2007.

[4] 申永胜.机械原理教程[M].北京:清华大学出版社,1999.

[5] 陈秀宁,施高义.机械设计课程设计[M].4 版.杭州:浙江大学出版社,2013.

锯式升降鸭梨采摘辅助装置

同济大学

设计者:朱成耀　陈国睿　刘喆　徐浩　李玉麟

指导教师:卜王辉　于睿坤

1. 设计目的

我国不仅是水果生产大国,也是水果消费大国。目前水果辅助采摘机械装置主要分为两大类,即大型机械式采摘器和小型辅助式人工采摘机。由于果实采摘需要高效、通用、简易、低成本的采摘技术,小型辅助式人工采摘机械装置成为了当前水果辅助采摘机械装置的主要研究方向。对当前主要的水果辅助采摘机械装置进行分析可以得到以下三点不足:

(1)伸缩装置大多为手持式伸缩杆,辅助人在地面上进行采摘。由杠杆原理可知,这样会由采摘人承受杆和被采摘水果的所有重力,降低劳动强度的效果并不明显。

(2)采摘辅助装置的末端执行装置大多为刀片、剪刀和机械手。机械手对触碰力要求较高,实现较难。刀片、剪刀主要是对水果的柄进行操作,这虽然避免了触碰水果从而保障了水果成品质量,但是效率太低。

(3)承接装置一般采用具有有限体积的网袋。此类承接装置虽然在一定程度上提高了采摘机构的灵活性,但是牺牲了水果的采摘效率,并且增加了劳动强度。

基于以上三点分析,为了改进目前小型辅助式人工采摘机械装置的不足,设计新型的锯式升降水果采摘辅助装置,在提高水果采摘效率、降低劳动强度和采摘成本的同时保障水果成品质量。

2. 工作原理

如图 1 所示,本装置具有 $\vec{x}$、$\vec{y}$、$\vec{z}$、$\vec{x}$、$\vec{z}$ 五个自由度。其中,$\vec{x}$、$\vec{y}$ 两个自由度靠人推小车移动以及操作杆的抽拉来实现;$\vec{z}$ 自由度靠支承杆升降实现,升降行程为 20 cm;$\vec{x}$ 自由度靠一对滚动轴承构成的转动副实现,$\vec{z}$ 自由度靠水平转盘实现。五个自由度保证了本装置能够灵活方便地采摘不同高度、不同角度的水果。在锯片前部装有揽柄装置,通过舵机带动的收拢片可以将果柄收拢聚集,防止在切割时脱离锯片。同时,杆件主体采用平行四边形机构,保证锯片始终水平,便于切割果柄。

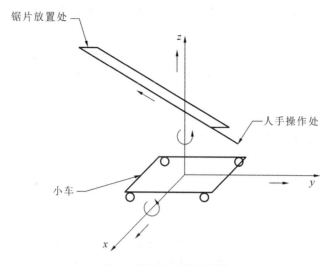

图 1　总体自由度示意图

3. 设计方案

1)总体设计构想

考虑到果柄的柔韧性及水果(以梨子为例)生长的密集性,为了提高采摘效率,摒弃了传统的剪刀剪切果柄和扭断果柄的采摘方式,而是采用锯片来进行快速切割。切割装置如图 2 所示。为了适应不同高度的梨树,在支承杆上增加了高度调节装置,使其具有 1.5～1.7 m 的调节范围;同时,长杆和短杆可以前后伸缩,从而达到升降锯片的目的。为了防止碰伤水果,采用平行四边形机构来使锯片始终保持水平。

图 2　切割装置

2)基本参数确定

(1)总体尺寸确定。

自然开心形梨树的适宜栽种密度:平地行株距为 5 m×(3～4)m,梨树树高 2.5 m,干高

60 cm 左右。根据梨树的几何形状以及果农操作舒适度,选定长杆长度为 3 m,短杆长度为 2.5 m,支承杆长度可调节,调节范围为 1.5～1.7 m。

(2)锯片选择。

考虑到树枝间隙大小,为防止碰伤水果,选取锯片外径为 100 mm,即

$$r = 50 \text{ mm}$$

(3)电动机选择。

由生活经验知,梨的果柄直径大约为

$$d = 2 \text{ mm}$$

木材顺纹抗剪弹性模量:

$$f_v = 2.8 \text{ N/mm}^2$$

木材截纹抗剪弹性模量:

$$f_v' = 3f_v = 3 \times 2.8 \text{ N/mm}^2 = 8.4 \text{ N/mm}^2$$

由于梨的果柄的抗剪强度不易获得,但考虑到其抗剪能力弱于木材,因此可用木材截纹抗剪弹性模量来代替梨果柄的抗剪强度,这样计算偏于安全。

锯片刃口厚度:

$$\delta = 0.1 \text{ mm}$$

剪切面积:

$$S = d\delta = 2 \text{ mm} \times 0.1 \text{ mm} = 0.2 \text{ mm}^2$$

剪切力:

$$F_\tau = f_v'S = 8.4 \text{ N/mm}^2 \times 0.2 \text{ mm}^2 = 1.68 \text{ N}$$

为达到切割效果,电动机所产生的最小力矩:

$$M = F_\tau r = 1.68 \text{ N} \times 0.05 \text{ m} = 0.084 \text{ N} \cdot \text{m}$$

为保证切削效率,选择 24 V 的 775 电动机,其最大扭矩为 37.24 N·m,最大转速为 12000 r/min,满足要求。

3)长杆与短杆的设计与校核

(1)长杆与短杆的材料选择。

考虑结构的轻便性并保证足够的强度,长杆与短杆的材料选用铝合金。

(2)长杆与短杆的截面形状设计。

考虑截面的抗弯能力及杆件的成本,选择易于购买且抗弯能力较好的圆环形截面。考虑人手握时的舒适性,选取圆管外径 $D=30$ mm,内径暂时试选为 $d=22$ mm,则截面积:

$$S = \frac{\pi}{4}(D^2 - d^2) = \frac{\pi}{4} \times (0.03^2 - 0.022^2)\text{m}^2 = 3.267 \times 10^{-4} \text{ m}^2$$

惯性矩:

$$I_z = \frac{\pi}{64}(D^4 - d^4) = \frac{\pi}{64} \times (0.03^4 - 0.022^4)\text{m}^4 = 2.826 \times 10^{-8} \text{ m}^4$$

(3)抗弯强度校核。

如图 3 所示,考虑最危险的情况,校核长杆的抗弯强度是否足够;若长杆符合要求,则短杆自然符合。

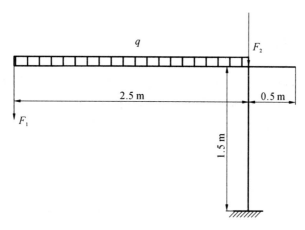

图3 杆件受力示意图

图3中，F_1为电动机与锯片以及其他安装零件的总重力，取：

$$F_1 = 10 \text{ N}$$

F_2为直线轴承等安装部件的总重力，取：

$$F_2 = 30 \text{ N}$$

长杆伸出段长度：

$$L_1 = 2.5 \text{ m}$$

短杆伸出段长度：

$$L_2 = 0.5 \text{ m}$$

均布力：

$$q = \frac{\rho L_1 S g}{L_1} = \rho S g = (2700 \times 3.267 \times 10^{-4} \times 9.8) \text{N/m} = 8.644 \text{ N/m}$$

最大弯矩：

$$M = F_1 L_1 + \frac{1}{2} q L_1{}^2 = (10 \times 2.5 + \frac{1}{2} \times 8.644 \times 2.5^2) \text{N} \cdot \text{m} = 52.01 \text{ N} \cdot \text{m}$$

最大弯曲应力：

$$\sigma = \frac{MD}{2 I_z} = \frac{52.01 \times 0.03}{2 \times 2.826 \times 10^{-8}} \text{Pa} = 27.6 \text{ MPa} < [\sigma] = 30 \text{ MPa}$$

故杆件抗弯强度足够。

（4）刚度校核。

由力F_1产生的挠度：

$$f_1 = \frac{F_1 L_1{}^3}{3EI_z} = \frac{10 \times 2.5^3}{3 \times 6.9 \times 10^{10} \times 2.826 \times 10^{-8}} \text{ m} = 0.0267 \text{ m}$$

由均布力q产生的挠度：

$$f_2 = \frac{q L_1{}^4}{8EI_z} = \frac{8.644 \times 2.5^4}{8 \times 6.9 \times 10^{10} \times 2.826 \times 10^{-8}} \text{m} = 0.0216 \text{ m}$$

总挠度：

$$f = f_1 + f_2 = (0.0267 + 0.0216) \text{m} = 0.0483 \text{ m}$$

易知在极限情况下,所产生的最大挠度也在可接受范围内,故杆件刚度足够。

4) 支承杆设计与校核

(1) 支承杆结构设计。

考虑到让不同人员操作时杆件均能有一个较为舒适的高度,支承杆加入了升降功能。升降功能由一个电动推杆来实现,推杆上方连接一段固定杆来达到预期高度 1.5 m。为了防止支承杆倾斜,在其上加装三根加强肋。

(2) 支承杆稳定性与抗压强度校核。

作用于支承杆上的总压力:

$$F = \rho \cdot 2(L_1 + L_2)Sg + F_1 + F_2$$
$$= (2700 \times 2 \times 3 \times 3.267 \times 10^{-4} \times 9.8 + 10 + 30)\text{N} \approx 92 \text{ N}$$

支承条件为一端固定,一端自由,长度系数:

$$\mu = 2$$

截面的惯性半径:

$$i = \sqrt{\frac{I_z}{A}} = \frac{d}{4}$$

此处 d 应为整个支承杆部件中的最小直径,即电动推杆直径:

$$d = 20 \text{ mm}$$

长细比:

$$\lambda = \frac{\mu L}{i} = \frac{2 \times 1.5 \text{ m} \times 4}{0.02 \text{ m}} = 600$$

查得铝合金的比例极限:

$$\sigma_p = 328 \text{ MPa}$$

则有

$$\lambda_p = \sqrt{\frac{\pi^2 E}{\sigma_p}} = \sqrt{\frac{\pi^2 \times 6.9 \times 10^{10}}{328 \times 10^6}} = 45.57 < \lambda$$

所以欧拉公式适用。又有

$$\sigma_{cr} = \frac{\pi^2 E}{\lambda^2} = \frac{\pi^2 \times 6.9 \times 10^{10}}{600^2} \text{ Pa} = 1.9 \text{ MPa}$$

$$F_{cr} = \sigma_{cr} \frac{\pi}{4} d^2 = (1.9 \times 10^6 \times \frac{\pi}{4} \times 0.02^2)\text{N} = 596.6 \text{ N}$$

取安全系数:

$$n_{st} = 2$$

故

$$F < \frac{F_{cr}}{n_{st}} = \frac{596.6}{2}\text{N} = 298.3 \text{ N}$$

因此支承杆压杆稳定。

5) 车体设计与稳定性校核

设计小车有以下作用。

承载作用:整个车体的平面用来承载整个装置和采摘下来的水果。

运动作用:车轮为万向轮,小车可以在果园里移动,采摘时装置锁死。

(1)车体尺寸。

车体主要由 900 mm×600 mm×10 mm 的铝板和四个万向轮组成,四个万向轮的尺寸为 ϕ12.5 mm,轮距分别为 720 mm 和 480 mm。

(2)车体稳定性校核。

考虑整个机构的稳定运行,需要对车体是否会倾覆进行校核。我们校核了机构处于最容易倾覆的位置时的稳定性,所设计车体不会发生倾覆。

4. 主要创新点

(1)末端执行装置:以锯片作为执行器对果柄进行操作,避免了对水果的碰触,在保证水果成品质量的同时提高了采摘效率。

(2)平行四边形机构:平行四边形机构保证了末端锯片在自由升降、伸缩、旋转的时候始终保持水平。

(3)揽柄机构:通过舵机连接自主设计的揽柄机构,巧妙地弥补了人在地面的视觉定位误差,可以实现多个水果同时切割,在一定程度上降低了视觉要求并提高了采摘效率。

(4)自由调整末端位置:本装置具有五个自由度(三个移动自由度,两个转动自由度),能够自由灵活地调整末端执行机构的升降、旋转和俯仰,结合小车的移动极大地扩大了作业范围。

(5)支承机构:可升降的支承机构承担了主要的重力,人处于舒适的操作位置,仅提供压力即可采摘,扩大了作业范围,降低了劳动强度。

(6)快速收集水果:锯片下方装有承接装置,可以保证切割下来的水果能够及时被收集起来,防止掉落在地上,或与树枝发生碰撞而受到损伤。

5. 作品展示

本设计装置的外形如图 4 所示。

图 4　装置外形

参 考 文 献

[1] 梁喜凤,苗香雯,崔绍荣,等.番茄收获机械手运动学优化与仿真试验[J].农业机械学报,2005(07):96-100.

[2] 刘贯博.从日本果园机械化现状看我国果园机械发展趋势[J].北方果树,1994(01):4-6.

[3] 段洁利,陆华忠,王慰祖,等.水果采收机械的现状与发展[J].广东农业科学,2012,39(16):189-192.

[4] 方龙,陈丹,肖献保.基于单片机的机械手臂控制系统设计[J].广西轻工业,2008(08):89-90.

[5] 金伟.基于DSP的机械臂控制系统设计[J].自动化与仪器仪表,2011(3):30-32.

旋转式苹果采摘机械手

上海电力学院

设计者:潘吕晨　万庆　王龙　李宁　唐铭沂

指导教师:王道累

1. 设计目的

我国是世界上最大的苹果生产国和消费国,苹果种植面积和产量占世界总量的 40% 以上,在世界苹果产业中占有重要地位。根据苹果树的生长和栽培特性,将所设计苹果采摘机械手的适用范围设定为:果实直径 50~100 mm,树高 3~4 m,进行采摘作业的人员身高170 cm 左右。

目前我国苹果果园面临的一大困难就是没有操作简单且成本低的苹果采摘器,无法高效采摘苹果。采摘苹果不仅要耗费大量人力资源,还要花费大量时间与精力进行搬运,且要保证苹果的完整度,同时对离地 3 m 左右的果实进行采摘具有很大的危险性。综合以上因素,我们设计了一个危险系数较小、方便果农进行苹果采摘的旋转式苹果采摘机械手。

2. 工作原理

1)理论

为了实现苹果的采摘功能,所设计的旋转式苹果采摘机械手参照苹果的外形特征,模仿人工采摘苹果的动作来设计。旋转式苹果采摘机械手主要由伸缩杆、双手指旋转机械手、牛津伸缩网兜、旋转切割传感器、旋转刀头等机构组成。

(1)伸缩杆。利用伸缩杆可以随时调节杆的长度,即可以达到采摘不同高度处苹果的目的,提高采摘效率。当需要伸长或缩短时,放松螺旋紧固件,两个杆之间的摩擦力减小,实现伸长或缩短。当达到要求长度时,拧紧螺旋紧固件,两杆之间的摩擦力增加,防止相对滑动。

(2)双手指旋转机械手。本旋转式苹果采摘辅助器的机械手有两根机械手指。其中比较宽大的一根起到固定和夹紧的作用,另一根机械手指带有旋转刀头。当伸缩杆对准苹果时,宽大手指会包裹苹果,防止苹果掉落,并在剪切时给予苹果支承。另一根手指通过旋转切割,可以快速高效地将苹果蒂切断。

(3)旋转切割传感器。当机械手控制住苹果,控制尖端抵到蒂的底端时,传感器会向下发出信号,开关处接收到传感器的信号时,提示操作人开始剪切。这样的控制系统能够保证切到苹果蒂的底端,而且可以减少高度差带来的视觉障碍。

2)验证

(1)固定装置。

我们设计的水果采摘器的机械结构比较简单,其主体是俯视时圆心角为 60°的专为适应苹果大小设计的类似于手掌的固定器。同时,固定器的存在也可以使得在真正的树上进行切割时,避免损伤到其他的苹果。

(2)手爪。

水果采摘器的另一个手爪是另外一个重要的部分,这个手爪俯向的圆心角比较小,所以手爪最粗的部分会比固定端手爪的细一些。但是作为主动端,其强度足够应对旋转切割带来的剪切力。现阶段我们通过 3D 打印制作手爪,3D 打印的作品内部存在孔洞,可以同时保证强度要求及设备轻量化要求。

(3)剪切装置。

设备对剪切苹果蒂的需求是最关键的。刀片整体固定于水果采摘器的活动端末端,在活动端末端预留了 2 mm 厚的槽。在刀片选择方面,我们选取两片普通美工刀刀片,分别将两个刀刃对立叠加放置后插入预留的 2 mm 厚的刀片槽中。在驱动力选择方面,我们采用在直流电动机的上方加装一个减速器的方法,当降低电动机转速到合适范围时,电动机所产生的力矩依旧足够大,可以快速切断苹果蒂,不会因为电动机卡住而烧毁电动机或其他部件。

3. 设计方案

1)总体设计构想

我们的设计构想主要针对水果采摘高度高、采摘难、采摘后收集难三大问题,相应的设计点有:

(1)伸缩杆。由于人手无法到达果实所在位置进行安全采摘,同时为保护树枝,因此采用了伸缩杆装置。主体分为主杆和伸缩杆(主杆基本尺寸为 2~2.5 m,伸缩杆尺寸为 1~2 m),材料采用坚固而轻便的铝合金材质。

(2)剪果装置。如图 1 所示为苹果蒂剪断原理图。要剪切苹果蒂,首先要把苹果蒂固定。由插销和两个抓手(抓手 1、抓手 2)组成的固定环可以起到固定苹果蒂并保证剪切完全的作用。两个抓手最外围附着一圈弹性金属片。当苹果蒂通过这个凹陷的位置时,即进入内部空腔。由于内部空腔圆周由相切的圆弧所组成,因此苹果蒂只能进去而无法出来。

在初始状态,苹果蒂首先进入的是第二空腔。原来依附在固定杆左端面的活动杆经开关启动做逆时针旋转运动的过程中,苹果蒂始终处于第二空腔中活动。在原理图中第 1~4步的过程中,第一空腔越来越小直至消失,第三空腔则越来越大。

当转动到原理图中第 5 步时,第一空腔完全消失,随后第四空腔产生并逐渐增大,而苹果蒂所在的第二空腔逐渐变小,直至苹果蒂随着第二空腔的缩小而被双刃刀片切断。最后活动杆回到固定杆的右端面。

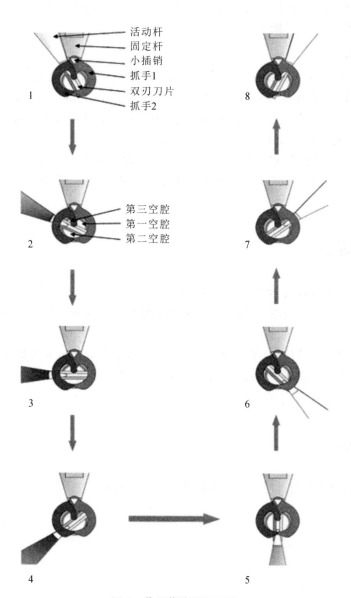

活动杆
固定杆
小插销
抓手1
双刃刀片
抓手2

第三空腔
第一空腔
第二空腔

图1 苹果蒂剪断原理图

同样,当活动杆处于固定杆的右端面时可以让第二个苹果蒂进入空腔,开启开关,在活动杆接下来顺时针转动时完成剪切动作。

(3)网兜接果装置。目前很多类似的苹果采摘装置都是重复性的剪放,导致采摘效率低,工作量大。在此基础上,我们设计了网兜接果装置,当剪切装置完成一次剪切后,苹果自然落下,掉入剪切装置下面的网兜接果装置内,经不同位置的减速带,最后直接到达事先准备好的收纳装置里,完成采摘。

2)参数确定

我们所设计的苹果采摘器在尺寸计算时,将伸缩杆与苹果采摘器的主体分开进行。苹果采摘器主体(以下简称主体)全高为 170 mm,最大直径为 130 mm,低端套筒的直径为 30 mm,套筒内部配置了一个配有减速器的电动机,大套筒和大的固定端是一体的,活动端通过小套筒直接套在固定端的大套筒上。在主体固定端的末端,有一个直径为 16 mm 的广开口保护圈,而活动端的最末端有一个 2 mm 宽的间隙用于插入双刃刀片。

伸缩杆的可达范围为 175~320 cm,在伸缩杆末端有一个直径为 30 cm 用于接收苹果的网兜。

4. 主要创新点

(1)苹果蒂的深入裁剪:采摘装置深入切割的苹果蒂,可以节省后期人工。

(2)不同高度苹果的摘取:不同高度的苹果由伸缩杆来保证摘取,伸缩杆可随意伸长缩短,伸缩长度为 1.5~2.5 m。

(3)苹果表皮的双重保护:苹果间不会因为苹果蒂过长而造成相互磨损,下落过程中因为有减速网兜,也不会损坏表皮,这样的双重保护使苹果能在相对安全而且效率高的情况下被采摘。

5. 作品展示

本设计作品的相关设计图及实物图如图 2 至图 4 所示。

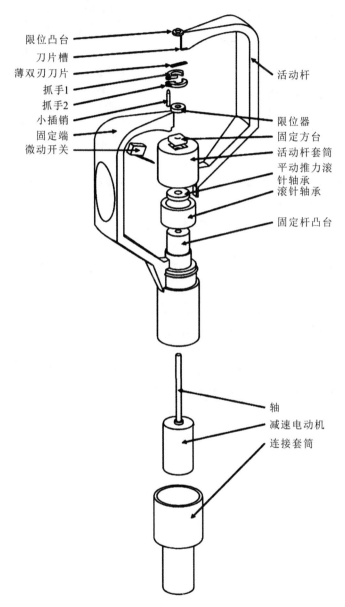

限位凸台
刀片槽
薄双刃刀片
抓手1
抓手2
小插销
固定端
微动开关

活动杆
限位器
固定方台
活动杆套筒
平动推力滚
针轴承
滚针轴承
固定杆凸台

轴
减速电动机
连接套筒

图 2　苹果采摘器零件爆炸图

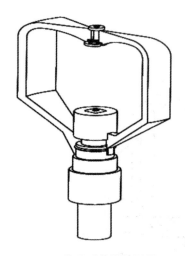

图 3　苹果采摘器轴测图　　　　　图 4　伸缩杆与带有牛津松紧带的网兜

参 考 文 献

[1] 邹志勇,韩玖胜.苹果采摘机械手的逆运动学求解研究[J].浙江农业学报,2016,28
　　(07):1235-1242.

[2] 李润娟,贾宇向.苹果采摘机械手设计探讨[J].河南科技,2014(02):107.

[3] 张麒麟,姬长英,高峰,等.苹果采摘机械手对果实损伤的影响[J].食品工业科技,
　　2011,32(12):404-405.

[4] 濮良贵,陈国定,吴立言.机械设计.[M].9 版.北京:高等教育出版社,2013.

[5] 方键.机械结构设计[M].北京:化学工业出版社,2005.

便捷式草莓辅助采摘装置

上海应用技术大学

设计者:周帅　凌洋　王健　柳伟佳

指导教师:纪林章

1. 设计目的

近些年来,我国的果蔬生产随着种植面积的不断扩大,水果产量也在逐步提升,水果采摘所需的工作量也随之增多。而在水果生产过程中,水果采摘质量的好坏还将直接影响水果的保鲜储藏、运输配送等后续工作,并最终影响经济效益。其中草莓的采摘就十分耗费人工。市场上的水果采摘器大都以高空水果采摘为主,不适合草莓等低矮植物果实的采摘,而人工采摘成本较高。为了方便消费者和种植者,同时结合现实需求,选择机械式剪切装置辅助采摘草莓,即通过颈部夹紧装置把水果平稳地放置到盛物篮里,在减轻采摘者疲劳强度的基础上,实现不间断采摘,达到提高采摘效率的目的。

2. 工作原理

采摘草莓前,先将小车置于草莓垄的上方,垄的两边是留给车子行走的场地。操作人员将采摘杆对准需要采摘草莓的部位,通过长度的调整把采摘杆送到适合采摘的部位,按下手柄,刀片张开,形成剪刀形式来剪断果柄,下端的凸起塑料可以夹住果实柄部,通过卧式轴承旋转滑移,将果实轻轻放入安装在小车上的篮子中。

3. 设计方案

根据水果生产活动中完成果实采摘过程的具体条件,首先运用所学知识进行机构尺寸的设计;然后对附加采摘装置进行创新,同时设计收集装置的所有零部件的具体尺寸;再按照设计的零件图通过 UG 三维造型构建出采摘装置的所有零部件;最后根据采摘装置的工作方式选择合理的连接方式并通过创建约束完成装配。本小组设计的草莓采摘装置采用可移动机械杆。可移动机械杆可以随意调整长度与位置,适合多种地面水果的采摘,构型简单,操作方便,且便于组装,不使用时可拆卸成最简单的杆件,使放置空间大大缩小。采摘器采用剪刀剪断水果蒂部的方式设计,适用于小茎部水果采摘,可有效节省劳动力,提高效率。采摘下的水果能平稳地放进小车两边的盒子,安全平稳地进行装箱。使用草莓辅助采摘装置可实现草莓的安全采摘,方便快捷,简单实用。

草莓采摘器还可以用于平时疏花疏果,清除坏果、次果,进行果树管理的工作。疏除方法一般分为人工疏除和化学疏除。化学疏除中用适当浓度的化学药剂喷洒果树时,将采摘头换成喷头即可喷洒药剂。采用人工疏除时,利用采摘器能方便地进行疏果,在平时也能及时清除果树上的病果、次果,而不会对生长良好的临近水果造成伤害。

1)本设计的内容和技术参数

(1)采摘头:剪切的同时夹紧蒂部。

(2)手柄:类似把手的握紧装置。

(3)机械杆:连接采摘头和手柄,使其可以平移旋转采摘不同位置的水果。

(4)移动小车:由杆件搭装而成的可移动小车,用于固定连杆,放置篮子。

(5)连杆与小车连接部位:由两个直线轴承与一个卧式滚子轴承组合而成。

(6)收集装置:安装放置在移动小车上的篮子。

(7)技术参数:草莓垄高 40 cm,采摘类似于草莓大小的小型水果。

2)草莓辅助采摘装置的总体设计

草莓辅助采摘装置是一种实用新型的设计,是一种为协助人们采摘地面水果而创新设计的工具,因用途的特殊性,其总体设计遵循以下三大原则。

(1)可操作性原则:本采摘装置的操作者是知识水平较低的种植人员,不是具有机械知识的专门的技术人员,因此要求该装置操作不能太复杂,必须具有高可靠性和操作简单的特点。

(2)经济性原则:在可操作性原则的基础上,应最大限度地控制成本。由于水果的种植以个体经营为主,考虑到经济效益,采摘器的价格不能太高,否则难以普及。

(3)质量保证原则:对于水果采摘者来说,质量是好口碑的必要保证,剪刀能否方便剪下果蒂,杆子的结实程度,缓冲装置对水果的保护够不够好都需要仔细设计。

综上,草莓辅助采摘装置要求结构简单,结实轻便,操作方便,可适用于地面水果的采摘。它由机械杆、采摘器和手柄部分组成。

机械杆的主体部分由一根铝合金空心杆构成,刀头固定在杆上由箍环连接,杆上装有卧式轴承,可以通过调节达到自己想要的平移和旋转方向,手柄用来控制采摘刀头。采摘器由采摘机构组成。联动机构为图1中刀片上的红点部分,通过细线与手柄连接,松紧可调,方便采摘。采摘刀头为图1中的黄色部分,可更换不同刀头实现不同功能。刀头在采摘草莓的时候,可以通过辅助装置对果实下部的蒂进行夹紧,果实则通过卧式轴承平移和旋转放到指定位置,即放置于小车上的篮子里。

3)采摘器的设计

(1)采摘器的常见种类。

当前国内的采摘器大致可以分为机械手式采摘器、刀片式采摘器和电控制式采摘器。机械手式水果采摘器利用手柄控制拉线,进而控制摘头,摘头上的手爪固定水果后利用人力将水果拽下。这种方式容易拽断树枝并损伤水果,且操作不便。刀片式采摘器主要是通过手柄控制拉线以控制刀片,利用刀片将水果柄剪断,剪下的水果要么利用刀片下端的网兜接收,要么让水果顺着摘杆滑下而接收。利用刀片剪切来采摘极容易损伤水果,并且如果让水

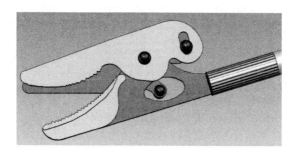

图 1　采摘刀头模型

果顺杆滑下很容易划伤果身。电控制式采摘器主要由电动机(或电磁力)驱动具有剪切功能的机械构件,控制该构件动作的电路元件安装在无盖容器上,在有水果进入容器时完成水果蒂的切(剪)断动作,使水果脱离果树。此产品虽利用先进技术,但是制造成本较高,操作不便,实用性不强。

(2)采摘器的选择。

不同种类的采摘器均有其自身的优点与缺点。吸附式虽然定位要求低、动作灵敏,但是需配备真空形成装置,且对果实及枝条的伤害较大。抓拉式的结构简单、操作方便,但同样对果实及枝条伤害极大。剪切式的结构简单,操作方便,对果实及枝条的伤害极小,但定位要求高。机械式的结构简单,虽然操作并不省力,采摘效率不高,但成本一般较低,且操作难度较小,适于普及。电动式虽然采摘省力,采摘速度快,但生产成本较高,在采摘过程中容易伤到水果的表皮。气压式的整体轻便,不污染环境,但是结构复杂,技术难度高。综合来看,为了采摘水果操作简单,采摘器的结构选机械式最为合适。

综上所述,选用刀片式采摘器,结构简单,操作方便,对果实及枝条的伤害较小。方向可调的设计可以很好地满足定位要求,对于各个方向的水果都能实现可靠安全的采摘,同时考虑解决水果的下落采集问题。

(3)采摘器的设计。

采摘器由换向机构和采摘机构组成。采摘机构由采摘头和移动杆以及手柄构成。采摘头一端与机械杆用弹簧连接,便于手柄方便地控制刀头灵活工作,另一端与换向机构活动连接。机械杆可以在空间里随意运动,达到采摘者的工作目的。

小车与机械杆分别控制不同方向的运动,实现刀头全方位的运动。工作小车可以左右平移,杆子可以前后平移,同时还可以旋转,操作者可以根据草莓的位置调节刀头的方位。

(4)接收装置的设计。

接收装置使用简单的水果箱,材质使用比较柔软的泡沫,以降低草莓的损坏程度。水果的移动、放置装置就是可全方位自由移动的机械采摘杆,由操作者控制其将采摘的草莓放入盒子中。采摘杆结构如图 2 所示。

(5)传动方式。

采摘刀头和按压手柄通过细长空心杆连接固定,空心杆内用细长线将手柄连接至刀头夹紧及剪切部位,调节手柄可移动空心杆位置。在找准方位后,按压手柄,控制刀头闭合并夹紧,然后将柄部剪断,最后移动手柄调节位置将草莓轻轻放入安放在小车上的篮子中。

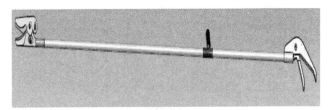

图 2　采摘杆结构模型

4. 主要创新点

(1)通过杆件连接手柄与剪切刀头,可降低采摘草莓时因长时间下蹲引起的疲劳。

(2)本装置通过杆件搭建的移动小车,方便了水果的收集与运输。

(3)剪切刀头具有夹紧和剪切功能,在剪断连接部位后可防止掉落,保护水果。

5. 作品展示

所设计的草莓辅助采摘装置如图 3 所示。

图 3　草莓辅助采摘装置

参 考 文 献

[1] 曹晓明.机械设计[M].北京:电子工业出版社,2011.

[2] 田素博,邱立春,秦军伟,等.国内外采摘机器人机械手结构比较的研究[J].农机化研究,2007(3):195-197.

[3] 付荣利.果园采摘机械的现状及发展趋势[J].农业开发与装备,2011(5):17-19.

[4] 马质璞,张抗,谭骥,等.一种新型单果采摘器的设计[J].机械设计与制造,2017(05):252-255.

[5] 徐斌.便携式水果分级采摘器的原理与应用[J].现代农业科技,2007(13):203-205.

拨条振动式全自动枣类收获机

上海理工大学

设计者:杨嘉伟 曹文洁 张婧雯 柴华逸 杨宁

指导教师:钱炜 朱坚民

1. 设计目的

从专利检索的结果来看,目前已有不少具备各种功能的枣类收获机的发明,但是在实际生产中,枣类收获机还远远达不到采摘、收集、分拣、包装一体化的要求。

其中,汤智辉等发明了一种枣类收获机,可通过柔性条的振动击落枣粒,减小对树枝的伤害,并可自动收集落枣,避免捡拾落枣;孟祥金等发明了一种枣类收获机,可以完成枣类的全自动定量包装。这些方案还存在不足之处,例如收集伞需要手动打开和收起,其面积不能扩大或者缩小,且上述发明虽然涉及枣类收获与包装,但均为独立运行,无法实现采摘、收集、分拣、包装一体化作业。现有各种规模的枣园需要便携式全自动枣类收获机,适合单人操作,以弥补传统人工敲打式采摘与大型机器采摘的不足,因此可以开发一种新的枣类收获机。

2. 工作原理

这款枣类收获机为拨条振动式全自动枣类收获机,如图1所示,按功能可分为四大部分:采摘部分、收集部分、除杂部分、重量控制部分。

采摘部分通过柔性条在垂直方向的振动来带动枣枝晃动,将枣抖落。收集部分用以收集抖落的枣;特制的伞状收集装置(收集伞)的中心设计有通道,让枣类通过。除杂部分通过风箱杂质过滤器实现,可将落枣中掺杂的杂物(树叶、枯枝等)吹出,保证最终收获枣的纯净度。重量控制部分可以在收集到的枣接近预设重量时控制阀口关小;当达到预设重量时,阀口关闭,并暂停打枣机的采摘,包装平台对已收获的枣进行包装等处理。控制单次包装枣的重量有利于枣的后续运输、销售等。

3. 设计方案

(1)柔性条振动装置。

柔性条及上主杆选用聚碳酸酯(简称 PC)材料。PC 材料具有强度高、弹性系数高、抗冲击强度大、使用温度范围广、耐疲劳性佳、对人体无害等特点,符合卫生安全要求,可有效保

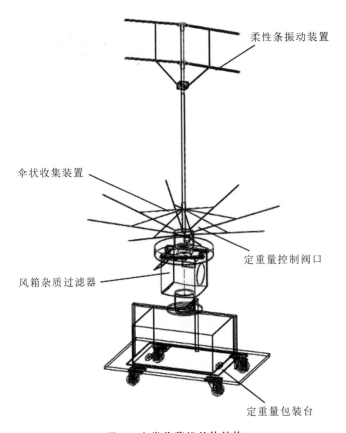

柔性条振动装置

伞状收集装置

定重量控制阀口

风箱杂质过滤器

定重量包装台

图 1 枣类收获机总体结构

证柔性条振动幅度、频率,且装置耐久性好。同时其较高的弹性系数能最大幅度地帮助枣枝振动,实现枣类振落。

如图 2 所示,四根柔性条使用螺栓固连在上主杆上部,间隔 20 cm 分布,可有效避免枣枝对柔性条振动的干扰。柔性条被上主杆带动振动的同时,由于其弹性系数高、长度较长,可产生挥鞭效应,在一定范围内扩大振幅,保证采摘的可靠性。

柔性条振动装置中,振动发生电动机置于上主杆偏心位置,由一组串联的曲柄摇杆机构与滑块摇杆机构将振动传递至柔性条。

(2)伞状收集装置。

柔性条振动装置下方连接的是伞状收集装置。如图 3 所示,伞状收集装置的主体是一把特制的倒装伞,其张大直径大于柔性条振动装置的有效振动范围,中心设计有特别的通道,在满足强度要求的条件下,可保证常规体积的枣顺利通过,收集经柔性条振动装置振落的枣类。

(3)风箱杂质过滤器。

收集的枣夹杂有来自枣树上的杂质,例如枣叶、枯枝等,会影响最终收集到的枣的纯净度,因此专门设计有风箱杂质过滤器,如图 4 所示。风箱杂质过滤器进风口安装有风扇,对下落的枣和杂质施加水平方向的风力。由于杂质的重力远小于枣的,杂质从出风口排出。

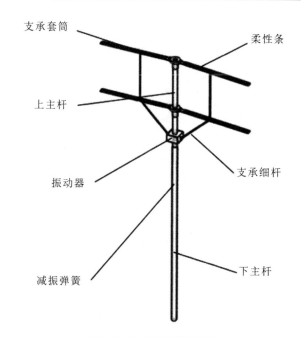

图 2　柔性条振动装置结构

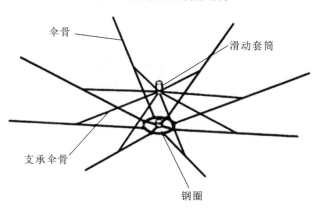

图 3　伞状收集装置结构

过滤器的下部设置有一定的倾角,枣可以继续通过风箱杂质过滤器落入定重量包装台。

(4)智能重量控制装置。

　　智能重量控制装置的结构如图5所示。该装置由重力检测台与智能阀口组成,以MK60FN512VLQ10芯片作为核心控制单元,以重力传感器作为重量检测输入单元,以步进电动机作为控制输出单元,实现精准重量控制功能。例如,使用者想在单次收集 2 kg枣后对枣进行包装、转运,可在交互界面输入预期重量,当所收集到的枣接近 2 kg 时,智能阀口缩小,减缓枣的流量;当达到 2 kg 时,阀口关闭,振动部分暂停,即可精确地获得2 kg枣。

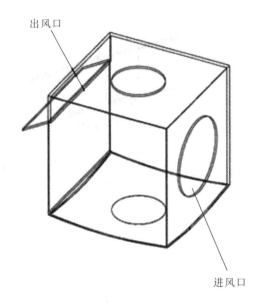

图 4　风箱杂质过滤器结构

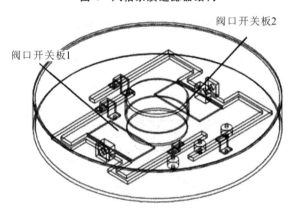

图 5　智能重量控制装置的结构

4. 主要创新点

(1)柔性振动机构:振动器的周期性运动产生柔性击打,可减少对树枝的损害,保证枣树年产量。

(2)伞状收集装置:即采即收,提高效率,相比将枣打落在地上后再收集,效率更高,枣中的杂质更少。

(3)定重量智能控制装置:通过底部重力传感器采集重量信息,控制限流阀口,精确控制单次采收周期内枣的重量,便于后续运输与加工,减少枣的运输耗损量。

(4)模块集成,功能完备:一台设备即可完成枣的采集、分拣、包装,填补了目前市场上功能集成化的小型枣类采收器的空白。

5. 作品展示

拨条振动式全自动枣类收获机实物如图 6 所示。

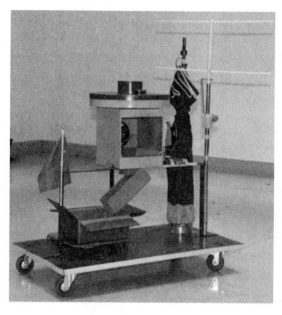

图 6　枣类收获机实物图

参 考 文 献

［1］王新华.高等机械设计［M］.北京:化学工业出版社,2013.

［2］方键.机械结构设计［M］.北京:化学工业出版社,2005.

［3］成大先.机械设计手册［M］.5 版.北京:化学工业出版社,2007.

［4］朱孝录.中国机械设计大典［M］.南昌:江西科学技术出版社,2002.

［5］董杰.机械设计工艺性手册［M］.上海:上海交通大学出版社,1991.

可穿戴式多功能果园助手

上海理工大学

设计者:沙蕾雅　陈贵华　夏瑶函　宋福琳　陈树鑫

指导教师:施小明　孙福佳

1. 设计目的

随着水果产业的快速发展,成熟水果的快速采摘问题日益突显:高大树木上的水果需要人上树采摘,或需要用到笨重的农艺梯、脚手架等工具来完成采摘。而这些采摘方式伴随着比较大的风险,例如上树采摘可能会踩断树枝,导致工伤事故的发生,还会损坏果树,且枝端的水果很难采摘到。使用农艺梯、脚手架等工具具有高度限制,对于不同高度的果树需要先调整工具再采摘,浪费时间,采摘效率不高。而振摇式采果机的使用会造成部分果实摔坏,还会缩短果实的存放时长。为了解决上述采摘水果的问题,我们根据仿生原理设计了一款机械手,即可穿戴式多功能果园助手。

2. 工作原理

该作品采用形如人手的五指结构,并非工业上的二指或者三指结构,手指结构更具灵活性;采用纯机械的驱动方式,由操作者的手指提供动力;能够单手完成采摘工作,操作简单;工作范围得到扩大;若采用附加机构,还可以满足小型水果的摘取要求,扩展了机械手的功能。

3. 设计方案

本设计作品的三维模型如图 1 所示,主要由切割部分、机械手掌部分、伸缩部分、收线导轮部分、附加机构和穿戴部分组成。

机械手掌部分与切割部分都固定在伸缩内杆上,伸缩内杆套在伸缩外杆内,并通过一个球头销连接固定,收线轮与导线轮固定在伸缩外杆上,穿戴部分与伸缩外杆相连。拉线通过导环架绕在导线轮上,然后绕回到收线轮。当前后伸缩杆锁定后,转动收线轮至拉线拉紧,导线轮处套有拉线环,拉动拉线环,尼龙拉线会被拉动,从而带动手指弯曲,实现抓紧动作,再通过小电动机带动砂轮片转动,完成切割动作。前后伸缩杆由一个球头销固定,按下弹簧片,可调节机械手的长度,满足采摘范围要求。

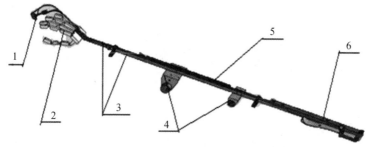

图1　机械手主要结构三维模型

1—切割部分;2—机械手掌部分;3—伸缩部分;4—收线导轮部分;5—附加机构;6—穿戴部分

1)穿戴部分

为了能模拟人手的运动,穿戴部分与手指相连处采用以下设计:将人的小臂套在专用臂套上,五个手指分别套到对应指套中,通过指套采集人手的动作,再通过尼龙拉线传递给磷铜片,最终传递给前端的机械手指,使人手操作更舒适。

穿戴部分与手臂相连处采用魔术贴,不仅降低了成本,还可根据操作者的手臂粗细、手指长度不同进行调节。

如图2所示,手臂支架1与伸缩外杆通过螺钉固定,可拆卸,易整理;手臂支架1与胶板2用螺钉连接。胶板2采用医用复健模型,贴合手臂,穿戴舒适。导线轮3用螺钉连在导线轮支架4上,导线轮支架用螺钉连接在手臂支架上。导线轮的设计是为了固定大拇指的绕线。穿戴部分的实物图如图3所示。

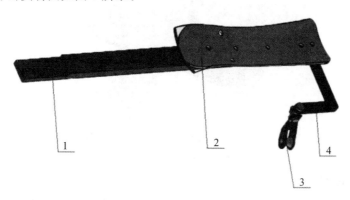

图2　穿戴部分三维模型

1—手臂支架;2—胶板;3—导线轮;4—导线轮支架

图3　穿戴部分的实物图

2）伸缩部分

伸缩部分如图 4 所示。伸缩部分采用最简单的大管套小管的方式,把伸缩内杆 1 和伸缩外杆 5 套在一起;定位孔 2 使机械手固定,多个孔位满足不同的工作高度需求,使机械手工作范围得到扩大。

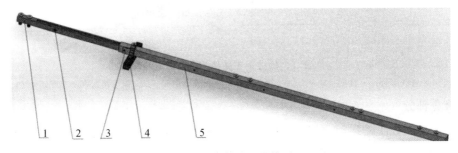

图 4　伸缩部分三维模型

1—伸缩内杆;2—定位孔;3—球头销;4—穿线板;5—伸缩外杆

如图 5 所示,伸缩内杆 1 与伸缩外杆 2 用球头销穿过定位孔固定连接,按住弹簧片 4,两杆可完成伸缩,松开弹簧片 4,球头销 3 卡在定位孔中,保证了机械手的稳定性。

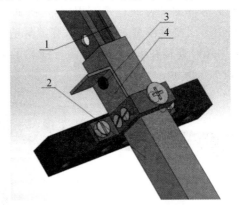

图 5　伸缩部分三维模型局部放大图

1—伸缩内杆;2—伸缩外杆;3—球头销;4—弹簧片

3）机械手掌部分

为了能最大限度地模仿人手的动作,实现机械手的灵活抓取功能,依照仿生学原理,采用具有三个灵活关节的手指结构;通过尼龙拉线与磷铜片传递运动,结构紧凑、简单,具有制造容易、质量轻、成本低、适应性好等优点,能更好地完成传动。驱动元件的减少和控制系统的简化不但使该机械手轻便小巧,也使得采摘人员对它的操作更加容易理解,轻松上手。

图 6 所示为机械手的整体结构,该结构由五根手指和一个手掌组成,最大限度地仿照人手的形状设计。为了尽可能地模拟出人手活动,每根手指都由长度不同的三个手指关节组成,最后与手掌通过铆钉连接。大拇指拉线、食指拉线、中指拉线、无名指拉线、小指拉线的两头分别连接指套和机械手的五根手指。操作者的五根手指放入指套,分别通过食指拉线、中指拉线、无名指拉线、小指拉线、大拇指拉线来控制对应的五根机械手指。

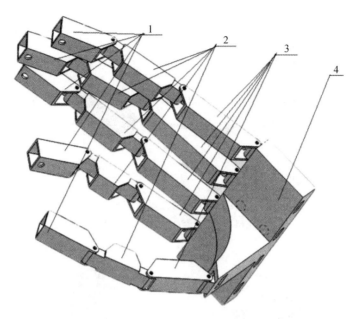

图6 机械手掌部分三维模型
1—指节1;2—指节2;3—指节3;4—手掌

如图7所示,指套控制的磷铜片通过销固定在钢片固定孔2上,使用铆钉1将指关节彼此连接,结构简单,占用空间小。机械手指内的磷铜片具有预弯曲功能,当人拉动尼龙拉线时,尼龙拉线带动磷铜片沿着预弯曲的方向继续弯曲,进而带动机械手指弯曲;当人松开连接磷铜片的尼龙拉线时,磷铜片恢复到最初状态,机械手指即张开。

此外,因为机械手指是金属材质,故在手掌与水果接触表面贴合一层记忆棉材料,以避免水果与较硬的金属材质接触,防止破坏果皮。

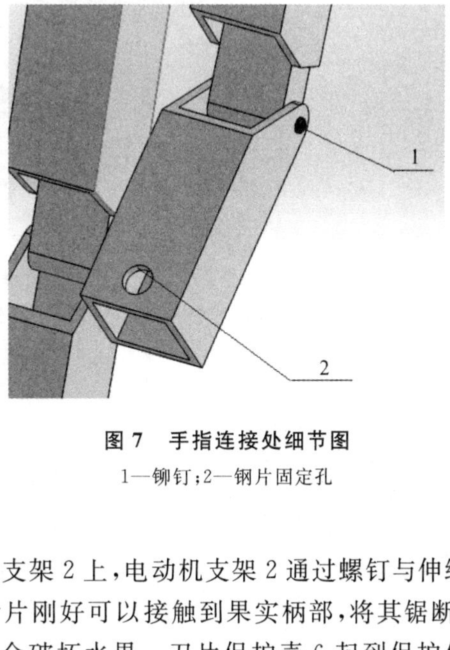

图7 手指连接处细节图
1—铆钉;2—钢片固定孔

4)切割部分

如图8所示,为了能剪断果实柄部,采用电动机5为砂轮片1提供动力,电动机固定在电动机支架2上,电动机支架2通过螺钉与伸缩内杆固定连接。摘取果实时,装在手指背面的砂轮片刚好可以接触到果实柄部,将其锯断。砂轮片安装时与水平面呈40°夹角,方便切割且不会破坏水果。刀片保护壳6起到保护作用。电池盒3与控制器4固定在机械手掌底部,接线方便且线路少,方便维修。

5)收线导轮部分

如图9所示,该部分安装在伸缩外杆5上,通过操作收线轮手柄6完成收放线的动作。其中收线轮2和导线轮3采用尼龙材料,减轻了机械手的整体重量。

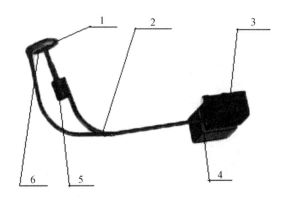

图 8 切割部分三维模型图

1—砂轮片;2—电动机支架;3—电池盒;4—控制器;5—电动机;6—刀片保护壳

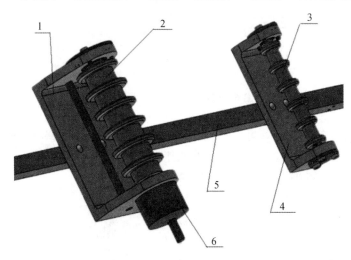

图 9 收线导轮部分三维模型图

1—收线轮支架;2—收线轮;3—导线轮;4—导线轮支架;5—伸缩外杆;6—收线轮手柄

收线轮手柄 6 内采用了双向棘轮机构,其原理如图 10 所示。当棘爪处于实线位置 B 时,棘轮可实现逆时针方向的单向间歇运动;当棘爪翻转到双点画线位置 B' 时,棘轮可实现顺时针方向的单向间歇运动。A 为棘爪和机架的转动副。应用双向棘轮可实现单方向间歇运动从而进行收线,在实现机械手伸缩功能的同时收紧导线。

6) 附加机构

如图 11 所示,拉动操作手柄 3 可实现手爪 1 采摘较小的水果的动作。在带刺灌木丛中摘取水果时,可以避

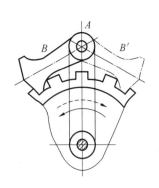

图 10 双向棘轮机构原理图

免手被划伤的风险。

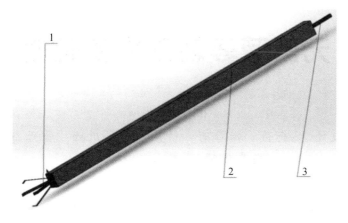

图 11　附加机构三维模型图

1—手爪;2—弹簧导管;3—操作手柄

4.主要创新点

(1)采用纯机械的方式,通过拉线与钢片传递运动,摆脱了机械手靠电动机电控的固定思维。

(2)应用附加机构,能够抓取樱桃、草莓等小型水果,抓取对象增多,适用范围更广。

(3)增加微型切割机,有利于切除水果柄部,避免直接抓取而破坏果皮。

5.作品展示

本设计作品的实物如图 12 所示。

图 12　水果辅助采摘装置

参 考 文 献

[1] 王新华.机械设计基础[M].北京:化学工业出版社,2011.

[2] 刘鸿文.简明材料力学[M].2 版.北京:高等教育出版社,2008.

[3] 陈秀宁,施高义.机械设计课程设计[M].4 版.杭州:浙江大学出版社,2013.

[4] 方键.机械结构设计[M].北京:化学工业出版社,2005.

[5] 成大先.机械设计手册[M].5 版.北京:化学工业出版社,2007.

无眼菠萝辅助采集装置

同济大学

设计者：杨茁　张春岩　叶俊杰　孙川岫　黄正杰

指导教师：李梦如　卜王辉

1. 设计目的

目前市场上的菠萝采摘机多为偏大型农机，且主要针对高种菠萝（如广东徐闻愚公楼菠萝、海南文昌菠萝）的采摘，而矮种菠萝（如云南河口无眼菠萝）仍需要人工采收。我国的菠萝种植以农户自发为主，收获的菠萝除了用以生鲜食用，还用于深加工，但是，仅通过人工采摘成熟的菠萝，效率低下，导致加工企业所需原料不能及时得到补充。由于无眼菠萝植株较矮小，采摘者采摘时需要频繁弯腰，易造成脊柱负担过大，且采摘者用力扳取菠萝时，手掌易被刺伤（即便戴上手套）。本产品旨在解决上述指出的问题，利用较简单的机械结构来省时省力地进行无眼菠萝采摘与收集。

2. 工作原理

采摘品种为云南西双版纳、河口等地出产的无眼菠萝，首先考虑手持杆式与推车式两种基本形式。由于手持杆式会产生更多负重，故舍弃。在采摘方式上，拔取、扳断的方式比较费力，而切割果实下端则较省力，故采取切割方式。在动力来源方面，电控成本较高，蓄力-释放机构需要较复杂的内棘轮等机构，且易发生干涉，故采用机构较简单的连杆与齿轮传动机构。考虑到刀架盒要可以上下自由移动，采用了廉价高效的滑槽结构。推行采集车，使刀架盒位于菠萝上方，稍按下按压手柄，刀架盒沿车架滑槽降下，使刀片与切割处等高。拉动切割手柄，完成切割，之后在辅助弹簧的作用下拉起按压手柄，抬起闭合刀片中的菠萝，拿出菠萝，放入一旁的收集车。

3. 设计方案

人机交互计算如下：

假设操作者身高170 cm，肩高140 cm，手臂伸直长55 cm，手掌长15 cm，无眼菠萝植株高60 cm（菠萝植株高度范围40～90 cm），取切割点在高40 cm处，依据图1所示的示意图设计出采集辅助机械。

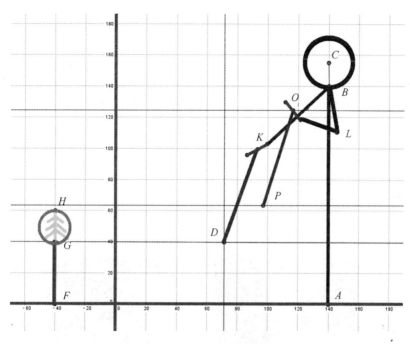

图 1 水果采摘示意图

图 2 是齿轮传动示意图,刀具固定在刀架盒上。采用两个完全相同的齿轮,设计力臂为省力杠杆,能轻松满足 40 N 以上的剪切力要求。

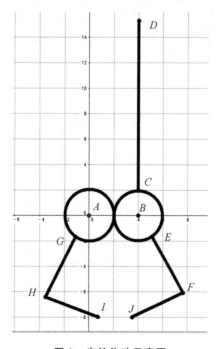

图 2 齿轮传动示意图

4. 主要创新点

无眼菠萝辅助采集装置的主要功能为菠萝切割与垂直搬运。垂直滑动模块解决了传统无眼菠萝采摘过程中"常弯腰"的弊病。切割模块解决了人工"切割费力"与"手使力易被刺伤"的问题。收集模块(未做展示)解决了负重问题。本装置在机械结构简单巧妙的前提下,实现了省力切割与搬运的功能,填补了矮种菠萝机械辅助采摘领域的空白。

5. 作品展示

本设计装置的外形如图 3 所示。

图 3 装置外形

参 考 文 献

[1] 董定超,李玉萍,梁伟红,等.中国菠萝产业发展现状[J].热带农业工程,2009(4):13-17.

[2] 王潇.滚动活塞压缩机滑片-滑槽运动副混合润滑摩擦特性的研究[D].南宁:广西大学,2017.

[3] 孙桓,陈作模,葛文杰.机械原理[M].8 版.北京:高等教育出版社,2013.

[4] 王新华.机械设计基础[M].北京:化学工业出版社,2011.

[5] 成大先.机械设计手册[M].5 版.北京:化学工业出版社,2007.

振动式打枣机

上海大学

设计者:谌稳帅 李新东 邓云铭 陈锴

指导教师:李桂琴 汪地

1. 设计目的

水果是我国继粮食、蔬菜之后的第三大种植作物,是许多农村地区经济发展的重要支柱产业。其中,枣类作物在我国各地均有分布,尤其在新疆和黄河流域,更是当地重要的经济作物。然而一直以来,枣成熟之后主要依靠人力来进行采摘,这样的采摘方式不仅效率低、成本高而且劳动强度大。这种采摘方式在劳动力本就短缺的农村地区对经济造成了很大影响。针对这一问题,许多科研机构都开发了不少采收枣的装备,但都属于大型设备。这类设备不仅价格贵,不易操作,而且对农艺的要求很高。为此,我们专门针对农村地区设计了一种成本低、操作简易、能耗小的振动式打枣机。

2. 工作原理

打枣机的三维结构如图1所示,刹车线从下到上依次穿过伸缩杆、承接装置、钩子,然后通过滑轮与电动机相连。刹车手柄上装有传感器,控制手握刹车手柄的力的大小可改变电动机转速,从而改变振动强弱。

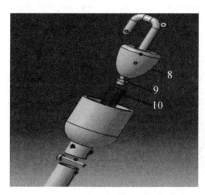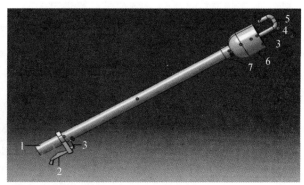

图 1 打枣机的三维结构

1—伸缩杆;2—刹车手柄;3—刹车线;4—滑轮;5—钩子;6—承接装置;7—螺钉;8—电动机;9—螺母;10—弹簧

在使用该打枣机时,可以先调节伸缩杆到合适长度,然后将钩子挂在树枝上,接下来用手握刹车手柄并施加压力,通过刹车线和滑轮将电动机向上拉起,此时钩子和电动机将树枝夹住;启动电动机,电动机上装有的一对平行偏心轮将转动转化为振动,实现振动落果。当关闭电动机,松开刹车手柄后,弹簧会将电动机拉回到初始位置。

刹车手柄上装有传感器,通过编程,当钩子和电动机将树枝夹住后,增加握刹车手柄的力,振动强度会减弱。

3. 设计计算

1)总体设计构想

振动过程中,收获机以一定振幅和频率击打枣树的主干或侧枝,从激振部位开始产生振动,并沿主干将激振力传递给侧枝和枣柄,最后传递到枣。在空间上枣将产生多维激励,当枣的惯性力大于枣-柄连接力时,枣掉落,实现振动采收。

2)计算及参数确定

选取新疆塔里木大学植科院在2012年所做实验中的一组关于枣的数据作为计算对象。数据如表1所示。

表1 枣信息表

序号	连接力/N	质量/g	长度×宽度/mm
1	1.8	19.8	26.65×15.75
2	2.0	24.2	28.75×16.45
3	4.0	30.1	32.55×18.55
4	3.8	27.8	30.55×17.35
5	3.5	31.9	31.55×19.15
6	2.8	22.2	30.35×17.85
7	2.0	18.3	28.65×16.45
8	5.2	36.5	36.85×21.35
9	3.6	30.5	33.25×19.45
10	3.4	35.7	31.55×19.25
平均值	3.21	27.6	31.07×18.16

从表1可知:将枣与果柄分开的力的平均值为3.21 N,枣的平均质量为27.6 g,平均长度为31.07 mm,平均宽度为18.16 mm。这些数据可用于计算枣脱离果柄所需要的线速度。

枣被采摘下来是由于枣受到的外力大于枣与果柄的连接力。振动式打枣机工作时,在同一枝干上,可认为枣绕枝干做近似圆周运动,当枣或枣树枝丫受振后会得到一个切线速度,根据向心力的计算公式:

$$F = mv^2/r$$

可得

$$v = \sqrt{Fr/m}$$

式中：F——向心力（N）；

　　　m——单个枣的质量（kg）；

　　　v——枣的运动速度（m/s）；

　　　r——枣回转中心半径（m）。

因此可得 $v = 1.90$ m/s。

在《振动激励下枣树力传递效果室内模拟试验》一文中，作者以红枣为研究对象，研究了振动频率和振幅对枣树力传递效果的影响，并进行枣力传递效果的振动试验，根据枣在振动过程中瞬时加速度的变化，研究其振动采收时力的传递效果，降低激振功耗。该文中的试验表明，在振幅为 7 mm、频率为 17 Hz 时，枣振动采收过程中力的传递效果较好。

在上述文章发表之前，针对枣类果品振动采收的力传递效果研究未见报道，我们采用了该论文中的有关数据。

3）电动机、电池、钩子材料的选择方案比较

目标是设计一种便携、低耗、低成本的振动式打枣机，因此将价格、质量、效率、成效等多重因素进行综合考虑和比较，得出最终方案。

（1）作为优选，根据设计的工作原理及实际中枣树的尺寸，选择额定电压为 12 V 的 550 电动机，如图 2 所示。

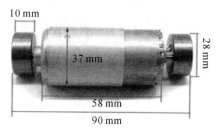

图 2　550 电动机

（2）作为优选，选择了额定电压为 12 V 的 550 电动机后，考虑到功耗、价格、环保等因素，我们选择了可充放电 1000 次的 12 V、2800 mAh 锂电池，如图 3 所示。

图 3　12V2800mAh 锂电池

（3）考虑到刹车线要穿过钩子，即钩子需部分中空，因此用 3D 打印技术制造钩子。因为本作品对构件的强度和质量都有要求,选好材料至关重要,ABS 和 PLA 两种材料各有各的优点,结合到本设计的需要,选择 PLA 材料。

4. 主要创新点

(1)取代传统人工打枣方式,利用振动实现摘枣,既方便又省力。

(2)在刹车手柄处装有传感器,可通过调节力度大小改变振动强弱。

(3)电动机工作时与伸缩杆通过刹车线和弹簧连接,极大地减轻了振动对握杆者的影响,可降低工作者的疲劳程度,减少能量损失。

5. 作品展示

本设计作品的外形如图 4 所示。

图 4　装置外形

参 考 文 献

[1] 付威,张志元,刘玉冬,等.振动激励下枣树力传递效果室内模拟试验[J].农业工程学报,2017(17):65-72.

[2] 陈秀宁,施高义.机械设计课程设计[M].4 版.杭州:浙江大学出版社,2013.

[3] 成大先.机械设计手册[M].5 版.北京:化学工业出版社,2007.

[4] 王新华.机械设计基础[M].北京:化学工业出版社,2011.

智能苹果采摘器

上海大学

设计者:王宇　胡娴婷　马琪琪　余彦良　朱新雨

指导教师:李桂琴

1.设计目的

目前,果农从苹果树上采摘成熟的苹果时,一般是雇佣人工进行手工采摘。由于苹果树较高,果农普遍借用架梯从树上用手把成熟的苹果采摘下来,人在架梯上采摘苹果既不安全,又费工费时,采果的工效也较低。为了帮助果农摆脱这种"尴尬的局面",提高生产效率,我们设计了一款新型的苹果采摘器。在设计该采摘器时我们利用所掌握的机械原理知识,结合了解到的现实情况和现有的苹果采摘问题,提高了果农的劳作效率。

本作品的意义主要有以下几点:

(1)帮助现代大学生了解农业生产中机械应用的现状及不足,建立对机械设计领域的感性认识。

(2)提高大学生结合所用所学解决实际问题的能力,拓宽大学生知识应用的范畴。

(3)提高水果采摘效率,降低劳动强度和采摘成本,保障水果成品质量。

2.工作原理

1)排刀结构的运动原理

(1)平面运动——"连杆运动"。

与刚体固连而瞬时速度为零的点称为刚体在该时刻的瞬时速度中心,简称瞬心。如果某瞬时刚体的瞬心存在,则该时刻所有瞬心将构成三维欧氏空间中的一条直线,这条直线称为刚体在该时刻的瞬时转轴。

对于平面运动刚体的情况,由于平行于该刚体运动平面的任一截面上的刚体固连点即可代表该刚体的运动,且此时瞬时转轴一定存在,这时"瞬心"一词特指瞬时转轴与上述给定截面的交点。给定一个参考系,则定义在固定坐标系中观察瞬心运动得到的轨迹为定瞬心轨迹,在与刚体相固连的固连参考系中观察其运动得到的轨迹为动瞬心轨迹。

我们将舵机安置于 T 形滑片的下端,通过绳线将滑片上圆环与舵机一翼连接。启动舵机后,T 形滑片的环口通过绳线受到舵机的拉力向下运动而带动刀片,从而形成一种"类连杆机构"。

对于连杆机构而言,虽然不同的分析方法利用的原理不同,但基本思想都是按照某种规律将机构分解为一系列基本单元,对单元进行分析,再由单元之间的约束关系得到机构整体的分析。

机构由机架与原动件杆组构成,经过这一分解,使对机构的分析变为对杆组的分析,从而使得机构分析大为简化。更重要的是,由于杆组是一个自由度为零的基本运动单元,该单元具有运动和力的确定性,这样,可以事先对各级杆组进行分析。当对具体机构进行分析时,可依据分解顺序来调用此机构分解出来的杆组的现成解,从而使机构分析更迅速、简单。图1所示为挡板、绳线、舵机组成的"连杆机构"模型。

(2)平动。

平动,也称平移,即平行移动,是机械运动的一种特殊形式,是刚体最基本的一种运动。当刚体运动时,如果刚体内任何一条给定的直线,在运动中始终保持它的方向不变,这种运动叫做平动,其运动轨迹可以是直线,也可以是曲线。

当舵机接收到信号时,两翼发生转动,带动绳线拉动滑片向下运动,从而形成一个平动。滑片向下平动,带动上刀片向压缩弹簧侧移动,U形槽左端面与下柱体面接触。T形滑片的环口在受到向下作用的拉力时,带动上刀片沿轴杆方向运动,形成一个平动。由于受U形槽控制,与下刀片固连的圆柱被约束在槽内运动,从而导致上刀片与下刀片发生相对运动,刃口处交错达到剪切目的。

所设计机构排刀部分的模型如图2所示。

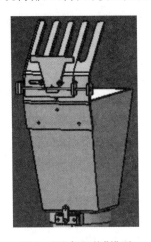

图1　"连杆机构"模型

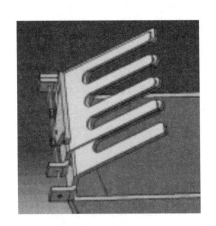

图2　排刀部分的模型

2)舵机基于 Arduino 的传动原理

(1)Arduino 的工作原理。

Arduino 是源自意大利的一个教学用开源硬件项目,主要是为希望尝试创建交互式物理对象的实践者、喜欢创造发明的人及艺术家所构建的,它秉承开源硬件思想,程序开发接口免费下载,也可依需求自己修改。其硬件系统是高度模块化的,通过 USB 接口与计算机连接,包括14通道数字输入/输出,其中包括6通道 PWM 输出、6通道10位 ADC 模拟输入/输出,电源电压主要有5 V 和3.3 V。在核心控制板的外围,有开关量输入输出模块、各种模拟量传感器输入模块、总线类传感器的输入模块,还有网络通信模块。只要在核心控制板上增加网络控制模块,就可以容易地与互联网连接。Arduino 系统是基于单片机开发的,并且大量应用通用的和标准的电子元器件,包括硬件和软件在内的整个设计,其代码均采用开源方式发布,因此采购的成本较低。各种电子制作竞赛、电子艺术品创意设计等越来越多地使用 Arduino 作为开发平台。该系统甚至可以接收 Macromedia Flash 软件制作的动画发送的信号,并由此来控制一些动作器件(如舵机等)。

(2)舵机的工作原理。

舵机是一种位置伺服的驱动器,具有闭环控制系统的机电结构,由小型直流电动机、变速齿轮组、可调电位器、控制板等部件组成。由于可以方便地控制舵机旋转的角度(舵角,但是舵角一般不超过 180°),因此,舵机在要求角度不断变化的控制系统中得到了广泛应用。

在工作中,控制器发出脉冲宽度调制(PWM)信号给舵机,获得直流偏置电压。舵机内部有一个基准电路,产生周期为 20 ms、宽度为 1.5 ms 的基准信号,将获得的直流偏置电压与电位器的电压比较,获得电压差输出到电动机驱动芯片,驱动芯片根据电压差的正负控制电动机的正反转。舵机转动的角度是通过调节 PWM 信号的占空比来实现的。标准 PWM 信号的周期固定为 20 ms,理论上脉宽(脉冲的高电平部分)范围在 1~2 ms 之间,但实际上脉宽可以在 0.5~2.5 ms 之间,脉宽和舵机的转角 0°~180° 相对应。如以脉宽为 0.5~2.5 ms 范围控制舵机的角度转动,转动范围为 0°~180°。

我们的作品将舵机安置于 T 形滑片的下端,通过绳线将滑片上圆环与舵机一翼连接。舵机在接收到信号时,两翼发生转动,从而带动绳线拉动滑片向下平动。滑片向下平动带动上刀片向压缩弹簧侧移动,U 形槽左端面与下柱体面接触。上管道口内侧装有距离传感器,通过 Arduino 电路板与舵机信息相连。距离传感器监测到水果进入管道口的信息,会通过 Arduino 电路板进行信息翻译,传送到舵机部分,带动舵机转动,继而带动排刀结构的运动,完成剪切。图 3 所示为舵机模型。

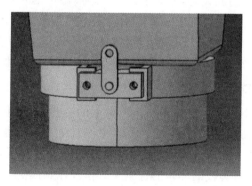

图 3　舵机模型

3. 设计方案

1)"连杆机构"模拟计算

平面刚体运动的性质:

（1）保持距离不变。

（2）只要知道不共线的 3 个点 A、B、C 在变换 m 下的像 A'、B'、C'，m 就可以确定下来。

（3）平面刚体运动 m：平面 α→平面 α，将平面 α 内的直线映射成直线，射线映射成射线，线段映射成等长的线段。

（4）在平面刚体运动 m：平面 α→平面 α 下，正 n 边形的大小和形状保持不变。

速度投影定理：不可伸长的杆或绳绕一点转动时，尽管各点速度不同，但各点速度沿绳方向的投影相同。

速度投影定理反映了刚体不变形的特性，这个定理对任何形式的刚体运动以及刚体上的任意两点都成立。

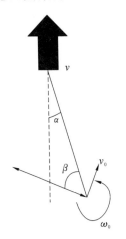

图 4 舵机、绳和滑片的原理简图

图 4 为模拟舵机、绳和滑片的原理简图，绳保持绷紧状态。舵机脚长度的二分之一为 r，此时绳与竖直方向的夹角为 α，绳与舵机的夹角为 β，绳长 l。当给定舵机一个角速度 ω_0 时，舵机与绳连接处的速度 $v_0 = \omega_0 r$。设绳与滑片连接处的速度为 v，易知 v 的速度方向为竖直向上，由速度投影定理知 $v_0\sin\beta = v\cos\alpha$，从而推算出滑片的平动速度 $v = v_0\sin\beta/\cos\alpha$。

2）主要参数确定

由于要在不同高度的树上进行采摘作业，作品采用了多节伸缩杆。伸缩杆可分为三个部分，其中最底部的杆件长度为 400 mm，中部杆件组装后有效长度为 100 mm，上部杆件有效长度为 368.04 mm。另外，剪刀部分总长为 380.98 mm。将模型等比例放大后，去除手持部位距离底部的长度，采摘器可在高度为 3～5 m 的苹果树上进行采摘作业。基于对采摘不同大小的苹果的考虑，伸缩管最小口径为 90 mm，即可采摘"直径"最大为 9 cm 的苹果。对于排刀部分，上排刀宽为 91 mm，下排刀宽为 125 mm，排刀牙齿间隙为 15 mm，便于对准苹果果柄从而完成精准剪切。

3）伸缩方案选择比较

考虑到采摘水果的不便主要是由果树高度引起的，在传统的长度固定式采摘器基础上增加了可伸缩的特点。在设计伸缩节的过程中，原本计划在内部加拉簧与底部摇杆相连来控制伸缩，但考虑到拉簧的体积会增加管道的口径，不便携带，改用上下管道螺旋扣紧的方式（上下两部分主要由各自套接的环扣的拧紧与放松来控制固定与伸缩）。但了解后发现加工上存在着两个问题：伸缩节采用 3D 打印制作无法保证螺纹的配合性，口径大小决定了采用攻螺纹无法完成螺纹的铰制。最后，经过各种设计优化采用现有的伸缩方式。

4. 主要创新点

（1）排刀结构的多口可同时切割，避免了刀口对准果枝的过程，大大提高了剪切效率，增加了采摘的精准性。

（2）采用管式结构可连续采摘，不必反复拿上拿下，连贯性好，工作效率高。

（3）传感器系统采用超声波测距原理，当果实接近时可自动控制舵机完成剪切动作，操作者仅需手持装置贴近待采摘对象即可，操作简单，节省人力，减轻劳动强度。

5. 作品展示

本设计作品的外形如图 5 所示。

图 5　装置外形

参 考 文 献

［1］黄云帆.平面运动刚体两类瞬心轨迹之间关系的探讨［J］.力学与实践,2017,39（03）:306-311.

［2］王丹丹,宋怀波,何东健.苹果采摘机器人视觉系统研究进展［J］.农业工程学报,2017,33（10）:59-69.

［3］姬伟,程风仪,赵德安,等.基于改进人工势场的苹果采摘机器人机械手避障方法［J］.农业机械学报,2013,44（11）:253-259.

［4］李素云,唐先进.苹果采摘机器人的研究现状、进展与分析［J］.装备制造技术,2016（01）:185-186,192.

［5］孙贤刚,伍锡如,党选举,等.基于视觉检测的苹果采摘机器人系统设计与实现［J］.农机化研究,2016(9):151-155,160.

菠萝采集车

上海理工大学

设计者:陈嘉伟　闫云博　冯建松　张云帆　张健琛

指导教师:王新华　朱文博

1. 设计目的

作为典型的热带作物,菠萝因其特有的酸甜口感和丰富的营养价值,享有我国南方四大名果之一的美誉,也因此成为我国南方人民夏日解暑的一种热门水果。但目前国内外的菠萝种植地大多采用人工采摘方式,而人工采摘方式有许多局限性和不足,具体如下:

(1)菠萝植株一般高半米左右,劳作者需要弯腰采摘,参考体力劳动强度分级,菠萝采集为中等偏重劳动,长时间劳作会有明显的劳累状况,会造成腰肌劳损等伤害,对劳作者日常生活影响较大。

(2)运输工作较为麻烦,现在的搬运方式大多为人工直接搬运或利用运送设备辅助搬运整理,水果的采摘与整理环节较为复杂。

总的来说,现阶段的菠萝采摘方式在人工、成本、收集方式等方面具有很大的局限性与不便性。

针对目前我国菠萝采摘作业机械化水平低的现状和现有装置的诸多缺点,我们参考采摘作业中各动作和体力劳动强度分级的评定等级,通过创新设计来解决采摘过程中出现的各类问题。主要是通过菠萝园实地调研、建模设计、理论分析和实际制造,采用模块化思想,自主创新设计一款由采摘模块、切割模块和辅助收集模块组成的,省力、高效且适合单人操作的菠萝采集车。该装置能够实现采摘、传递、收集、储存四大功能,提升了整体采摘的效率,有效降低了人工成本。用户可根据实际需要对模块进行组装和改装,成本较低且应用性强。

2. 工作原理

采摘模块由一个机械爪组成,其中机械爪受电动机驱动,通过丝杠螺母传动实现机械爪的张开与抱合。其中选用的电动机带有蜗轮蜗杆减速组,扭力大且可以通过自锁特性保持机械爪姿态,同时两组副爪处设有压簧,可防止夹坏菠萝。

切割模块由一套四连杆机构和一套圆盘锯装置组成,其中一根连杆通过钢丝绳与采集车尾部把手相连,利用自行车闸线的原理实现圆盘锯手动进刀功能。同时该连杆尾端焊接了一根导杆,导杆与弹簧配合,可实现圆盘锯自动退刀功能。

　　辅助收集模块由车架、滑台、滑轨、绕线轮等组成,车架提供菠萝储存空间,滑台通过钢丝绳与绕线轮相连,电动机驱动绕线轮收紧或放开钢丝绳实现滑台沿滑轨的上下移动。

　　采摘时,推动采集车将机械爪对准菠萝后,启动机械爪抱紧菠萝,再启动圆盘锯并压下把手对根茎进行切割,菠萝与根茎分离后启动绕线轮将菠萝与机械爪一同拉至导轨末端,取下菠萝放入储存筐中,此时即完成一次采摘。

3. 设计方案

　　菠萝采集车主要分为三个模块:采摘模块、切割模块与辅助收集模块。采摘模块需实现菠萝的抓取。本设计应用了机械爪装置,并根据车架倾斜角度设计支承角铁以保证机械爪的水平姿态。考虑到控制夹紧力,若运用压力传感器等元件,则成本会有较大幅度的上升,故利用缓冲装置替代。图 1 所示为采摘模块实物。

图 1　采摘模块实物图

　　切割模块需实现对菠萝根茎的高效切割。本设计采用了圆盘锯,并配套安装了专用直流高速电动机。在机械爪抓取过程中圆盘锯不得与菠萝根茎发生触碰,否则会顶开菠萝导致抓取失败。但在切割时需要将菠萝根茎完全切断,因此还需要设计圆盘锯的进刀机构。进刀机构需由操作者人工控制,因此还应当考虑远距离控制问题。传统机械远程控制往往涉及的零件数目较多且装配具有一定难度,故参考自行车闸线机构进行了设计,并使其具有手动进刀、自动退刀的功能。图 2 所示为切割模块实物。

　　辅助收集模块需辅助完成对已采摘菠萝的收集。本设计采用了滑台滑轨,利用绕线轮拉动机械爪及滑台沿导轨做上下移动,实现将已采摘的菠萝拉至操作者伸手可及的地方,进而辅助操作者完成收集。同时考虑到滑台尺寸较小,绕线轮只能焊接在机械爪底座上,这样会导致回转动作与钢丝绳发生干涉,因此在此情况下让机械爪自动偏转放下菠萝的方案不合理。图 3 所示为辅助收集模块实物。

1)采摘模块

　　采摘模块中的机械爪结构如图 4 所示。

图 2　切割模块实物图　　　　　　　　图 3　辅助收集模块实物图

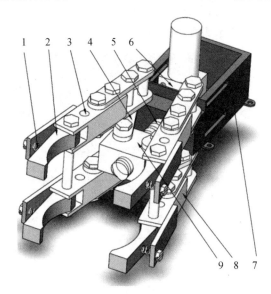

图 4　机械爪结构图

1—压簧机构；2—副爪；3—调整孔；4—连杆Ⅰ；5—丝杠；6—电动机；7—电动机盒；8—主爪；9—活动块

实现功能：利用机械爪抓取菠萝，为切割作业起固定菠萝作用，配合辅助收集模块完成收集作业。

具体设计：机械爪最大张开直径为 300 mm，实际有效抱合直径为 90～150 mm，能满足不同直径菠萝的采摘需求。当菠萝进入抓取位置后，接通电动机电源，电动机驱动丝杠通过螺纹传动使活动块沿轴线做平移。连杆Ⅰ与活动块、主爪间均通过销钉相连，通过四连杆机构实现爪子的张开与抱合。

具体关系为：电动机顺时针转动→活动块向内移动→机械爪张开；电动机逆时针转动→活动块向外移动→机械爪抱紧。

为防止将菠萝夹坏，在副爪处设置了压簧机构，具体形式为：在副爪上钻削一个螺纹孔，并在侧边挡板上开出通槽，在副爪与挡板间放入压簧并拧上螺钉进行固定，调整螺钉旋入长度即可调整缓冲预紧力。相比于扭簧机构，压簧可以保证较好的初始姿态，装配难度较低，故选用压簧机构。

对于传动机构,丝杠主要起传动作用,由于活动块两侧受力不均匀,左右爪抱合动作不能同步,故选用梯形螺纹,可以起到自动调心作用。

本机械爪电动机选用的是带有蜗轮蜗杆减速组的低速高扭电动机,利用蜗轮蜗杆自锁特性实现断电情况下机械爪姿态的保持。同时由于采摘作业为轻载工作,且电动机轴为 D 型轴,因此丝杠与电动机轴通过平头螺钉进行传动即可满足工作要求。

2)切割模块

切割模块的结构如图 5 所示。

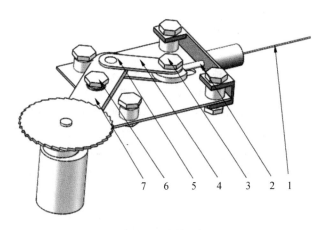

图 5　切割模块结构图

1—钢丝绳;2—导杆;3—销钉Ⅰ;4—短连杆;5—圆柱销;6—销钉Ⅱ;7—连杆架

实现功能:切割菠萝根茎,手动进刀完成切割后自动退刀。

具体设计:钢丝绳与把手相连,圆盘锯安装于连杆架上,按压把手后钢丝绳将克服弹簧弹力拉动导杆,通过销钉Ⅰ、销钉Ⅱ以及圆柱销形成四连杆机构。

具体关系为:按压把手→克服弹簧弹力拉动导杆→连杆架摆动→圆盘锯手动进刀;松开把手→弹簧弹力推回导杆→连杆架回摆→圆盘锯自动退刀。

圆盘锯的摆动角度可由上下盖板的槽孔尺寸决定,并在销钉Ⅰ与上下盖板间放置垫片以减小摩擦,整体机构结构简单且工作可靠。

3)辅助收集模块

(1)辅助收集模块主要部分的结构如图 6 所示。

实现功能:在采摘模块和切割模块抓取并切割菠萝后,将已经切割下来的菠萝从采集车下端移动到采集车上端收集。

具体设计:导轨总长 1000 mm,在整体装配后本机构与水平方向呈 30°,因此电动机有效升降高度约为 500 mm(0.5 m),对采集车使用者而言可不需要弯腰采集。在本采集车中,机械爪安装在机械爪支承板上,而机械爪支承板安装在滑轨的滑块上,能随着滑块在滑轨上进行相对滑动。在机械爪机构及切割机构实现菠萝的抱紧与切割之后,按下控制面板的三挡开关按钮,启动电动机,电动机旋转带动绕线轮旋转,在钢丝绳的带动下,机械爪沿着滑轨从采集车下端移动到采集车上方,实现对已采集菠萝的运送。而当电动机反转时,则是将机械爪从上方运送到下方。

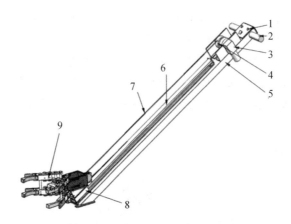

图 6 辅助收集模块主要部分的结构

1—控制面板；2—手柄；3—电动机；4—绕线轮；5—矩形管；6—滑轨；7—钢丝绳；8—机械爪支承板；9—机械爪

具体关系为：三挡开关正转位置挡闭合→电动机顺时针转动→绕线轮正转→钢丝绳拉动机械爪往上移动；三挡开关反转位置挡闭合→电动机逆时针转动→绕线轮反转→机械爪在重力作用下往下移动；三挡开关处于中间位置（开合）→机械爪静止。

本机构选用的电动机与机械爪电动机相同，为带有蜗轮蜗杆减速组的低速高扭电动机，利用蜗轮蜗杆自锁特性实现断电情况下机械爪姿态的保持，实现对机械爪在滑轨位置的自锁控制。由于安装于导轨上的机械爪机构重量可视为轻载，仅需要绕线轮在电动机的带动下能顺利旋转即可，而当电动机没有通电时，需要电动机本身具有自锁功能，使得机械爪能在滑轨上静止。

(2)辅助收集模块车架部分的结构如图 7 所示。

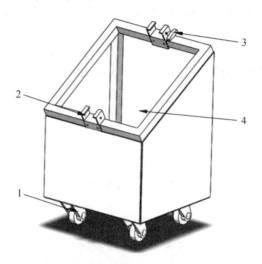

图 7 辅助收集模块车架部分的结构

1—万向轮；2—固定架；3—旋紧螺钉；4—收集筐

实现功能：提供移动平台以及菠萝存储空间，为所有模块提供支承，并具有高度调节功能。

具体设计:在车架底部安装四个万向轮,使采集车能较省力地进行移动与转弯,同时万向轮具有刹车功能。辅助收集模块主要部分从固定架间穿过,在上端固定架处设有旋紧螺钉,需要调节采摘高度时,拧松旋紧螺钉并拉动辅助模块主要部分进行调节,调整至合适高度后拧紧旋紧螺钉进行固定即可,机构简单实用。收集筐容量设计为 75 L,可一次存放约 40 个菠萝,满足一次性完整采摘一列菠萝的要求。

4. 主要创新点

(1)圆盘锯进给机构:通过连杆机构与弹簧导杆机构实现了圆盘锯手动进刀与自动退刀功能,且使用类似自行车闸线的机构实现了远距离控制。

(2)高度调节装置:通过旋紧螺钉调整导轨相对车架的位置实现了不同高度处的菠萝采摘。

(3)缓冲保护:机械爪两组副爪处均安装了压簧机构并于副爪表面粘贴柔性材料,起到了对菠萝的双重缓冲保护作用,并可以通过调整螺钉旋入长度来调整缓冲预紧力。

5. 作品展示

本设计作品的外形如图 8 所示。

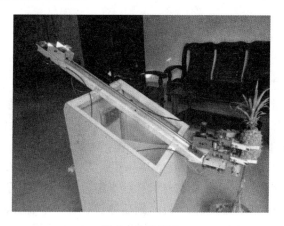

图 8　装置外形

参 考 文 献

[1] 王新华.机械设计基础[M].北京:化学工业出版社,2011.

[2] 方键.机械结构设计[M].北京:化学工业出版社,2005.

[3] 成大先.机械设计手册[M].5 版.北京:化学工业出版社,2007.

[4] 谢黎明.机械工程与技术创新[M].北京:化学工业出版社,2005.

草莓采摘夹

上海海事大学

设计者:魏志耿　刘喆　余云潇

指导教师:梅潇

1. 设计目的

　　草莓营养丰富、味道甜美,深受人们的喜爱,在市场上有着很大的需求量。草莓虽然美味,但其植株低矮,使得草莓的采摘十分费力。目前,国内草莓采摘主要以人工采摘为主。采摘过程中,果农需要长时间弯腰、下蹲,使得腰部和腿部肌肉紧绷,造成腰腿酸疼,产生疲劳感,进而大大降低采摘效率。为了缓解这种状况,提高草莓采摘的便捷性和效率,我们设计了一种草莓采摘工具——草莓采摘夹。利用草莓采摘夹,果农能够直立采摘草莓,避免长期弯腰、下蹲造成的身体不适,进而提高草莓的采摘效率。此外,利用草莓采摘夹可以避免草莓在采摘过程中遭到损伤。

2. 工作原理

　　在实际草莓采摘过程中,为了避免草莓损坏,果农需要以最小的力将草莓从植株上采摘下来。在长期的采摘过程中,果农总结出一套能够最大程度保证草莓完整性的采摘方法:利用两手指从草莓偏上部将草莓托起,同时用拇指向下轻抵草莓,然后向上拉起草莓,使得草莓茎和草莓形成较小的夹角,从而以较小的力便能摘下草莓。

　　草莓采摘夹便是利用仿生学原理,模仿人手采摘草莓的动作设计而成的。草莓采摘夹采用带有一定弧度的耙齿来实现果农用双指托起草莓的动作,采用普通海绵代替拇指,并通过长夹子连接,实现轻抵草莓并夹紧的动作,最后通过拉扯整个装置将草莓摘下。由于成熟的草莓表面容易损坏,为了避免采摘过程中采摘夹对草莓造成损伤,在耙齿上套上折叠的硅胶管,增加其柔软度。

　　在实际应用中,考虑到草莓采摘的及时性,需要单个采摘与多个采摘模式相结合。

　　由于草莓成熟后极易腐烂,果农必须在草莓成熟时及时采摘。当草莓刚开始成熟时,草莓成熟的规模不大,且成熟的草莓分布比较稀疏。草莓的茎分支多、分布杂乱复杂,此时采用单次单个采摘模式可以有效避免牵扯无关枝蔓,精准采摘能够很好地保证采摘效率。在草莓成熟高峰期,草莓成熟规模大,分布密集,采用单次单个采摘模式效率低下,单次多个的采摘模式更加符合成熟草莓分布密集的特点,采摘效率高。

　　在使用草莓采摘夹时,先根据草莓的成熟阶段合理选取合适的模式,然后开始寻找成熟草莓确定位置,用耙子结构勾住草莓,再用夹子轻轻夹住并拉起,草莓与其茎会产生小夹角从而可以轻易把草莓摘下来,最后把草莓送进身旁的篮子里。

3. 设计方案

通过网络收集大量有关草莓的图片、草莓采摘视频等资料,分析了草莓在地里的分布情况,认识到成熟果实脆弱、成熟时段不一致、易烂、茎分布复杂等特点。在进行实地采摘体验和与果农的交谈中发现,弯腰和下蹲采摘极易造成身体疲劳,降低采摘效率。而且长期的弯腰下蹲采摘会对身体造成损伤。如果可以直立采摘,那么采摘便会轻松很多,而且保持良好的状态来劳作,也能保持采摘效率。因此本设计既要改变弯腰下蹲的采摘方式,又要对提高采摘效率有着促进作用,而且能够最大程度避免草莓损伤。下面提出两个方案进行对比分析。

方案一:采用小剪子来剪断草莓茎,并夹住草莓放篮子里。保护草莓方面,该方案简单易操作,不会触碰到草莓肉,理论上不会对草莓造成损坏。但实践后发现,这种方式依旧可能损坏草莓。该方案在操作中有时会连带剪断其他茎,而且在采摘效率上,一颗一颗摘的方式明显效率很低,且该方案改进提高效率的可能性小。

方案二:采用一种模拟人手摘取的机构,让机构握住草莓,使草莓向上平移与茎产生小夹角,摘下草莓并放进篮子。在保护草莓方面,工具会直接接触草莓果肉,容易造成果肉损坏,需要另外采取其他保护草莓的措施。在采摘效率上,机构可以一次采摘 3 个草莓,理论上可以做到大范围摘取,但在实践中发现,草莓茎分布比较复杂,实现难度大。

两种方案进行对比后,选取方案二。

该机构中模拟两手指结构的是几个有一定弧度的钩,如图 1 所示。根据草莓的平均直径、长度,将夹子设计为一个耙齿的结构。

为达到一定的柔软度,保护草莓,在钩上面套有折叠的硅胶管。模拟拇指的是一块普通海绵,这时再通过长夹子连接,就可以达到夹紧草莓的效果,同时防止草莓被损坏。在试验改进过程中发现,由于草莓茎分布复杂,虽然该工具可以把草莓摘下来,但茎的交叉会阻碍夹着草莓的工具的回收。这时需要放掉草莓才能收回工具,因此在工具上添加承接草莓的 L 形海绵结构,用来接收草莓。

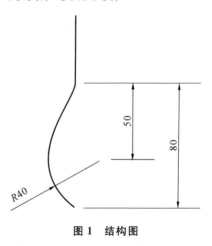

图 1　结构图

4. 主要创新点

(1)使用耙子与海绵相结合来模拟人手采摘的方式。

(2)单个采摘模式与多个采摘模式结合,能够应对不同情况的需求。

5. 作品展示

本设计作品的外形如图 2 至图 4 所示。

图 2　装置外形(1)

图 3　装置外形(2)

图 4　装置外形(3)

参 考 文 献

[1] 王新华. 机械设计基础[M]. 北京:化学工业出版社,2011.

[2] 杨冀,覃晓涛,王忠萍,等. 新型草莓采摘机的设计与应用[J]. 南方农机,2018,49(02):33.

[3] 闻邦椿. 机械设计手册[M]. 5 版. 北京:机械工业出版社,2010.

[4] 谢黎明. 机械工程与技术创新[M]. 北京:化学工业出版社,2005.

[5] 张策. 机械原理与机械设计[M]. 北京:机械工业出版社,2004.

多功能草莓采摘臂

上海理工大学

设计者:赵宇 李彦睿 张思芳 田银聪 杨嘉伟

指导教师:施小明 钱炜

1.设计目的

随着生活水平的不断提高,人们对饮食健康、营养均衡重视程度不断提高。草莓作为一种营养丰富、味道甜美的水果,深受人们的喜爱。然而,草莓的植株十分低矮,采摘十分不便。通过实地考察和查阅相关文献得知,目前草莓存在两种采摘方式:第一种为人工采摘,农户提着篮子,弯腰采摘,效率不高还容易损伤腰背;第二种为大型采摘装置,人坐于机器上,只需要按照合理位置摆放即可。但采摘机器体积大,对于小面积种植和棚栽草莓的采摘并不适用,而且大型采摘机器容易压倒植株,损坏草莓。另外采摘机器昂贵,保养维修困难,大大增添了草莓种植成本。

针对目前草莓采摘现状和存在的问题,我们小组结合"水果采摘辅助装置"这个题目,设计了一个成本适中、操作方便,用于辅助采摘的多功能草莓采摘臂。利用多功能草莓采摘臂,农户可以直立采摘草莓并完成运输、装袋等一系列工作任务。

2.工作原理

草莓采摘臂基于机械原理,采用槽轮机构、齿轮传动、同步齿形带传动、偏心轮机构相结合的方式,实现草莓的采摘、运输和装袋工作。槽轮机构的间歇运动为操控者提供更换采摘目标的时间;偏心轮机构可以带动刀具往复运动,实现剪切动作;合适的齿轮配比和同步齿形带传动可以使草莓的采摘、运输和装袋动作相协调。

如图 1 至图 4 所示,本装置由机械力的传动、齿轮传动、传送带传动以及偏心轮机构相配合实现草莓剪切、运输、装袋全过程的功能。使用时操作人员手握采摘臂,通过人工控制将草莓装入管口,在采摘臂对准草莓后,按下开关按钮,一次实现三个运动(剪刀剪切、同步带上升、小传送带下降)。草莓剪切:槽轮转动带动同轴的同步带轮转动,利用同步齿形带将运动传至从动带轮 16,从动带轮 16 通过同轴齿轮 14 将运动传至偏心轮 4(偏心轮圆周为与齿轮 14 相啮合的齿轮),偏心轮 4 推动刀具完成剪切动作。草莓运输:同步齿形带上固定有工字板,草莓剪落后落在工字板上,在同步齿形带的带动下运输至下管口。草莓装袋:当草莓运送到传送带的最底端开始下落时,操作人员将挂钩上调至小传送带的最顶端,随着草莓的逐一下落,挂钩也沿传送带做相应小幅度的下降,使草莓始终以相对篮子或袋子底部较低的高度落下。此时槽轮处于停歇状态,操作人员可以将采摘臂对准待采摘草莓。当篮子或袋子运动到小传送带最底端时,操作人员再次将挂钩上调至小传送带的最顶端,重新开始新一轮的装袋。装够一定数量后,取下篮子或袋子,给传送带装上新的篮子或袋子,从而进行新一轮的采摘装袋。

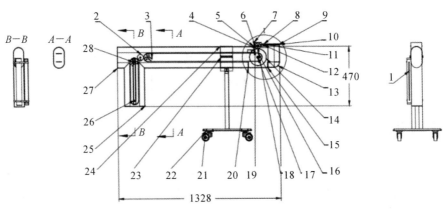

图 1　内部结构图

1—外壳2;2—圆盘;3—槽轮;4—从动齿轮;5—挡板3;6—轴5;7—挡板2;8—连接杆;
9—定刀;10—刀头;11—动刀;12—轴3;13—外壳3;14—主动齿轮;15—挡板1;
16—带轮1;17—轴2;18—轴4;19—工字板;20—挡板5;21—万向轮;22—车体;
23—下连接体;24—上连接体;25—外壳1;26—轴1;27—带轮2;28—挡板4

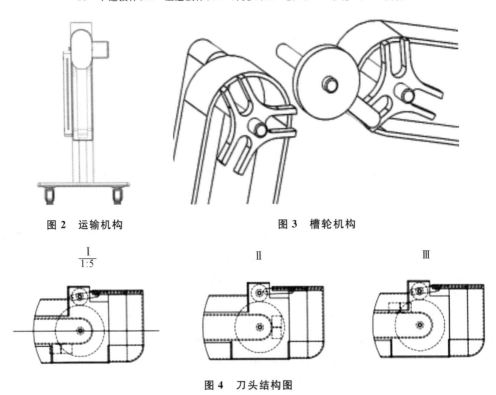

图 2　运输机构　　　　　图 3　槽轮机构

图 4　刀头结构图

具体操作流程：

(1)移动草莓采摘臂,使待采摘草莓对准采摘管口。

(2)启动草莓采摘臂,完成单个草莓的采摘、运输、装袋：

①传送带上的主动齿轮 14 转动,带动从动齿轮 4 转动,从而横向推动动刀 11,完成一个剪切运动;

②槽轮 3 带动从动齿轮 4 转动,从动齿轮 4 带动同步带运动,完成草莓运输;

③槽轮 3 带动的小带轮 27 与固连的一个带轮带动一个小传送带转动,小传送带上带有挂钩,控制袋子的无级匹配下降。

(3)移动草莓采摘臂,对准下一个待摘的草莓。

(4)袋中草莓达到一定数量后,更换袋子。

3. 设计方案

1)总体设计构想

该采摘臂用于草莓的采摘、运输和装袋,具体动作如下:偏心机构控制刀片剪切,同步齿形带实现草莓的运输,齿轮带动传送带控制篮子或袋子下降,最后草莓在重力作用下以极小的坠落高度掉入袋中。

2)机构说明

本设计通过控制各机构运动相配合的方式,将草莓的采摘、运输、装袋统一于一个辅助装置之上,进行功能集成。采用同步齿形带达到运输目的,槽轮间歇运动提供了更换采摘目标的时间,偏心轮转换运动方向控制刀片左右运动等,多个机构合理巧妙融合。

(1)草莓运输机构。

本设计中,手摇杆固定在采摘臂机架上,通过控制手摇杆,带动槽轮机构旋转,槽轮机构与齿轮同步带机构固定连接。齿轮由连杆进行定位固定,保证与同步带之间不发生相对滑动,从而完成该机构的传动运输。工字板设计合理,下部小凹槽设计既可以保证同步带弯曲时两者相贴合,又可以控制草莓相对运动的距离,减少草莓的无控制运动,从而减小草莓在运输过程中遭受到的损伤。

(2)草莓采摘剪切机构。

本设计中,同步带上设有工字板,采摘臂前端管口设有剪切机构。剪切机构由偏心轮和连杆机构组合构成。同步带每前进一个单位,工字板外侧圆齿轮带动偏心轮控制剪刀完成一次剪切动作。此时,草莓进入前一个工字板范围并随同步带运动至出口。

(3)草莓装袋机构。

装袋机构由同步齿形带和篮子或袋子组成。包装袋通过挂钩固定在同步齿形带上,随着同步带移动。该机构通过调整篮子或袋子的位置保证草莓从相对篮子或袋子较低的高度落下,防止草莓损伤。

使用草莓采摘臂只需一个动作,即按下开关按键便可实现剪切、运输、装袋,整个运动过程没有使用任何的反馈装置。一键控制,三步动作,实现了同步控制。此外,为降低对刀片强度的要求,可选用适当刚度的弹簧。

3)草莓采摘臂优化

(1)结构优化。

为了减轻整个装置的重量,满足使用轻便的要求,管道由圆管改为椭圆管。在考虑草莓大小的基础上,适当减小水平方向的宽度,从而减小草莓采摘臂的体积和重量,使其使用起来更加的灵巧、方便。

(2)传动机构优化。

根据各机构运动的配合关系,详细计算齿轮的传动比。在满足传动配比要求的基础上,尽量运用标准件完成各种配合,从而降低制造难度,降低制造成本。

4)效率比较

(1)虚拟计算采摘效率。

一筐草莓大概 56 个,采摘一个草莓(剪切+运输一格)约 5 s,则采摘一筐草莓(56 个)大约需要 4 min;传送带一共 56 格,传送带转一整圈即可装满一筐草莓。

(2)人工采摘效率(实地采摘)。

一筐草莓 40 个(弯腰采摘+缓冲放入篮中),不停歇工作需 5~7 min 摘满一筐。

5)其他特性

本设计使用简单电气控制和机械机构配合,一控三动,省力省时,节能环保,多采用标准件,有助于降低成本。

本设计采摘臂的上面板后续生产时可以采用塑料等透明材料加工,以便观察草莓的位置,既可以减轻重量,又方便使用。

本设计结构简单,各机构配合精巧,集成了采摘、运输、装袋功能,但因全部依赖各机构的配合,所以在生产时精度要求略高。

6)有益效果

随着社会的发展,人们越来越关注身体的健康,对水果的需求越来越多。而草莓采摘影响着草莓的果实和植株的好坏以及果农的劳作强度。本产品通过实现剪切、运输、装袋一体化达到了在减少草莓损坏的同时保护草莓植株安全的效果。该产品相比人工采摘更能保证效率,且可减少采摘时弯腰对身体的损伤。

4.功能及创新点

1)功能

(1)采摘功能:采摘臂前端管口设有剪切机构,完成草莓果茎的剪切。

(2)运输功能:利用传送带与齿轮配合,同步带上设有工字板,防止草莓的相对位移,将草莓从下方运输到上方。

(3)装袋功能:大小齿轮上的两个传送带不同速下降,完成草莓的无级匹配掉落。

2)创新点

（1）机构融合、功能集成：双槽轮传动、偏心轮剪切，实现剪切、运输、装袋三个功能。

（2）机构巧妙、无级匹配：大小齿轮配合以控制草莓下降与袋子下降，实现相互无级匹配。

（3）一次控制、三个联动：电动机一次控制，剪刀与传送带同动，传送带之间联动。

5. 作品展示

本设计作品的外形如图 5 所示。

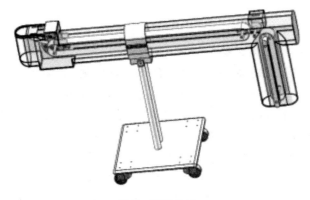

图 5　装置外形

参 考 文 献

［1］王新华.机械设计基础［M］.北京：化学工业出版社，2011.

［2］刘鸿文.简明材料力学［M］.2 版.北京：高等教育出版社，2008.

［3］陈秀宁，施高义.机械设计课程设计［M］.4 版.杭州：浙江大学出版社，2013.

高空水果采摘器

上海电机学院

设计者:刘康文　蔡玄奕

指导教师:周璇　王强

1. 设计目的

在水果成熟的季节,水果采摘成为一项艰巨的任务。果园里面的果树一般高度为 3～5 m,低矮处的水果采摘方便,但是高处的水果难以采摘,需要借助水果采摘器帮助采摘。目前,市场上的切割式和夹持式水果采摘器,在采摘高枝水果时使用比较费力;而气囊式水果采摘器只针对固定大小的水果使用。电动式水果采摘器利用切刀的往复运动,操作更为便捷,并且电动式采摘器不需要消耗太多人力。为了满足农户的生产需要以及城镇居民以娱乐为目的的水果采摘需求,需要设计出一种新型实用的高空水果采摘器。该水果采摘器应该满足的条件有:结构轻巧省力,操作方便,可实现多方向的高枝采摘,适用于不同类型的水果以及有芒刺、不宜徒手抓握的水果,同时又方便收集而不会造成水果损伤。

综合这些因素,我们设计出一种采摘水果更轻松、摘果效率更高的高空水果摘果器。

2. 工作原理

高空水果采摘器结合了电动式和切割式水果采摘器的长处,采用刀片旋转方式进行切割,以 130 微型低速电动机作为动力,操作更轻松便捷。该水果采摘器主要部分包括控制开关装置、末端执行器装置、收集装置。控制开关用于控制高空水果采摘器进入工作状态与脱离工作状态,末端执行器用来使水果与果枝分离,收集装置用于收集采摘好的水果。

1) 控制开关装置

控制开关装置是控制水果采摘器启动和停止的装置,主要有按钮开关、电源模块和电线。按钮开关采用的是船型开关 KCD1-101。这种船型开关宽度为 15 mm、长度为21 mm,开关有两个挡,即接通和关闭。电线采用长 5 m 的导线(收缩时长度为 40 mm),保证水果采摘器在适合的范围内正常工作。

2) 末端执行器装置

末端执行器装置是采摘器使水果与果枝脱离的装置,这里采用旋转切割的方式。末端执行器装置由四个零件组成,包括水果采摘头机架、环形刀架、刀片、内护板。

(1)水果采摘头机架。水果采摘头机架由高 77 mm、外圆半径 73 mm、圆周厚度 5 mm 的圆环和连接头共同构成。连接头与圆环之间为实心部分,连接头是顶端半径为 19 mm 的半圆,半圆圆心处有半径为 4 mm 的通孔,用螺栓将采摘头与连接伸缩杆的连接头连接,并构成转动副。采摘头通孔与圆环之间实心部分开有长 27 mm、宽 16 mm、深 30 mm 的长方形槽,用来安装 130 微型电动机,称作电机槽。电机槽靠近通孔的长方形面上有深 3 mm、宽 4 mm 的竖槽,电动机尾部凸出部分滑入竖槽内,以固定电动机。在竖槽右边 3 mm 处有一宽 5 mm、高 3 mm 的长方形通孔,用来安装控制 130 微型电动机的线路,称为线槽。在电机槽靠近圆环的面上有一宽 21 mm、高 26 mm 的通孔,该通孔用来通过电动机主轴齿轮,称为主轴齿轮孔。电机槽设计为大小两个槽,电动机放入大槽,小槽一端压紧电动机前端,安装电动机盖,电动机盖压紧电动机另一端,从而固定电动机。在圆环正上方有高 40 mm、厚度为 2 mm 的果枝叉爪。果枝叉爪由八个爪组成,每两个爪之间是上底为 15 mm、下底为 3 mm、高 40 mm 的等腰梯形空隙。采摘水果时,移动摘器使树枝进入梯形槽内,按下开关,刀片切割树枝进行采摘。或者当树枝进入梯形槽时扭动采摘器往外拉,在拉力作用下使水果掉落到水果布兜里面。水果采摘头机架圆环内侧壁上有六个直径为 5 mm 的通孔;六个通孔分为两组,其中一组的三个孔在同一水平面,另一组的三个孔所在平面与前三个孔所在的平面平行,上下两组通孔中心间的距离是 16 mm,且每组三个孔之间的夹角为 120°。三个孔的作用是固定螺栓型滚轮滚针轴承(型号:CF5\KR13),螺栓型滚轮滚针轴承的外径为 13 mm、内径为 5 mm。上下两层滚轮滚针轴承中心距为 16 mm,轴线方向每两个滚轮滚针轴承之间的空间为刀架轨道,每两个滚轮滚针轴承限制刀架的轴向运动,使刀架保持在合适的旋转范围内正常工作。采摘头机架的底部设计有向外钩的钩爪,作用是钩挂布兜或钩挂长网。底部内侧有一台阶,用于固定内护板。

(2)刀架上部为高 15 mm、厚 2 mm 的环体,环体内直径为 100 mm,环体上对称两边分别有深 0.8 mm、宽 18 mm 的刀槽,用于安装刀片;刀片厚度为 0.5 mm、宽度为 18 mm、长度为 35 mm。刀架上设计有圆周锥齿轮,与电动机主轴锥齿轮啮合。电动机主轴通过齿轮传动将主轴扭矩转变为刀架旋转。

(3)内护板与水果采摘头机架环体相似,下部是外直径为 134 mm、内直径为 95 mm 的圆环,上部为高 40 mm、厚 2 mm 的圆环体。上部有与机架环体相似的八个果枝叉爪,每两个爪之间是上底为 15 mm、下底为 3 mm、高 40 mm 的梯形空隙。内护板的八个叉爪与采摘头机架上部的八个叉爪构成内外两层。两层中间为刀架旋转轨道。刀架上安装两把刀片,在旋转过程中相互抵消离心力,使刀架能在正常工作状态下稳定运行。刀片厚度为 0.5 mm,刀刃锋利,在电动机驱动力下产生的旋转切应力足以切断普通大小水果的果柄。

3)收集装置

收集装置采用布兜或长网兜收集水果。该水果采摘器可使用多种收集装置,在设计过程中首先设计了可拆卸的水果篮子来装水果,由于水果篮子的体积较大,放置不方便,因此换用布兜来收集水果。布兜开口处用剪刀剪八个长度为 10 mm 的开口,用于将布兜挂在采摘头机架下部边缘上。考虑到布兜的体积小,如果同时采摘过多的水果,会使伸缩杆产生弯曲变形。经过讨论,换用长网兜来做收集装置。长网兜上大下小,考虑使用的方便性,长网兜的长度设计为 4 m。采摘时如果网兜接触地面,采摘者应该将网兜快接近地面的位置打结,并将网兜距离地面 0.5 m 处系在伸缩杆上,这样可保证水果顺着网兜下落时不会损坏,也使采摘水果时水果的主要重力落在网兜上,使采摘更加轻松。

3. 设计方案

1)总体设计构想

高空水果采摘器利用 130 低速高扭微型电动机带动刀片切割水果树枝。在采摘器杆的底端设计有电池槽和驱动电动机的开关。电动机上的齿轮与连接刀片的刀架上的齿轮相互啮合,齿轮转动使刀片在内外护板之间的间隙做低速高扭的圆周运动,实现果柄切割。当水果摘下时,水果会掉入采摘头内孔。内孔下方挂有一个布兜,用来承接落下的水果,以防止水果从高空掉下而摔坏。

由于果树的树高各不相同,采用伸长长度为 4 m、收缩长度为 1.2 m 的伸缩杆。普通果园的果树高度在 0.5~5 m 范围内,加上人体手持伸缩杆的高度,可以摘下 5 m 高处的水果。该伸缩杆可以满足果园的使用需求。采摘头与伸缩杆连接处设为转动副,在采摘不同位置的水果时可以调节采摘头与伸缩杆之间的角度,便于采摘不同位置的水果。调节的方法为:松开螺栓,旋转到合适的角度,然后拧紧螺栓。

2)基本参数确定

考虑到水果种类(比如苹果、梨子、柑橘、柿子、杨梅)和大小(调查显示苹果尺寸分为 70 mm、80 mm、90 mm),选择采摘器内径为 100 mm。采摘器可采摘直径 90 mm 以下的水果。刀片选择宽 18 mm、厚 0.5 mm 的刀片,保证刀片刀刃锋利和切割稳定。电源方面分别采用 5C、2000 mA 锂电池或 12 V、32 A 普通碱性电池。锂电池电容量大,供电效率高,但锂电池价格昂贵,最终选择普通碱性电池作为电源。电动机方面考虑到需要高扭矩、转速合适的电动机,并且具有体积小、重量轻、价格便宜、稳定性高的特点,最终选择 130 直流低速高扭微型电动机。

4. 主要创新点

(1)结合切割式和电动式水果采摘器的优点,设计为电动旋转切割式水果采摘器。

(2)电动控制的伸缩杆,伸长长度为 4 m、收缩长度为 1.2 m。

5. 作品展示

本设计作品的外形如图 1 所示。

图 1 采摘器实物图

参 考 文 献

[1] 汤兴初,吴明亮,全腊珍,等.可伸缩式高枝采果器的设计[J].农机化研究,2004
　　(2):161-162,166.

[2] 陈奇峰.高空采果剪问世[J].农技服务,2000(6):47.

[3] 张凯良,杨丽,王粮局,等.高架草莓采摘机器人设计与试验[J].农业机械学报,
　　2012,43(9):165-172.

高效环切式摘果器

上海应用技术大学

设计者:王思敏　李强　孙可孟　叶源飞　陈昊天

指导教师:沈秀国　李帅帅

1. 设计目的

农业是中国的第一产业,在我国的社会经济发展中占有举足轻重的地位。水果种植在农业中占有相当大的比重。然而,当前市面上几乎没有一款设备能够有效帮助果农提高果实采摘效率。因此设计一款新型摘果器极其重要。

在果实采摘的实际生产过程中,主要存在以下问题:

(1)果树生长环境恶劣,不便于果农采摘;

(2)果树枝干错综复杂,难以采摘果实;

(3)果实生长位置过高,人工难以采摘。

果农用双手采摘的传统方法费时费力,若采摘高处果实,还存在安全隐患。通过市场走访,我们发现现有的摘果器主要存在下述问题:

(1)现有摘果器大多采摘一次就需要人手工取下果实,效率不高;

(2)部分产品未设计伸缩杆,短杆不便于树远端高处果实的采摘,长杆则不便于收纳;

(3)采摘到的果品损伤率较高。

于是我们萌生了设计新型高效摘果器的想法,通过简单的操作、巧妙的结构将果实采摘和果实收纳集为一体,尽可能减少果农摘果所用时间,提高经济效益。

2. 工作原理

该设备通过固定刀片与旋转刀片的相对运动来切断果实果柄达到采摘目的。

在果农使用过程中,整套设备的主动力施加于伸缩杆底部,果农通过拉动在伸缩杆握柄处的绳子来产生主动力。整个伸缩杆内部中空,绳子经伸缩杆内部穿过伸缩杆接头部分的小孔(见图 1)与导轮接触。导轮在此处起到改变力的方向的作用,绳子的另一端与杠杆(见图 2)相连。拉动绳子,杠杆向下运动,而杠杆与旋转刀片的梯形槽相接触,杠杆转动的同时推动旋转刀片绕轴旋转。为了防止旋转刀片在运动过程中发生轴向跳动,本设计在旋转刀片下层部分通过三个轨道来消除旋转刀片在轴向上的自由度,如图 3 所示。

在一次切割运动完成后,果农松手,即主动力消失,此时杠杆将在扭簧的作用下自行恢复初始状态,扭簧安装在其销轴部分。果实被切下之后沿着网袋直接送入收纳箱中。收纳箱(见图 4)设计成双肩收纳箱,可由果农一人独自携带,在使用过程中不会对果农采摘果实产生负面影响。收纳箱顶部为水果进入口,底部圆孔则是为了方便将水果倾倒出来进行整理。

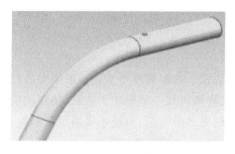

图 1　伸缩杆接头部分

图 2　杠杆

图 3　旋转刀片

图 4　收纳箱

3. 设计方案

结合市面上已有的设备和实际生产中遇到的问题,经过讨论列出图 5 和图 6 所示的两种方案。

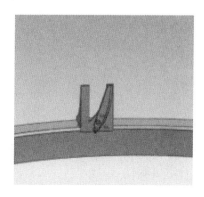

图 5　方案一

图 6　方案二

本套设备主要研究的内容为刀具运动轨迹设计和力的转向设计。以上两种方案均可将果实切下,但是方案一有以下几个缺点:

(1)只有一个刀口,难以对准果柄;

(2)力的方向难以传递至剪刀。

因此我们决定采用方案二。

4. 主要创新点

(1)该摘果器采用旋转刀片进行环切,运动较小的距离即可达到摘取果实的目的。

(2)改变传统采摘一次或几次就需要人工将果实放入果篮中的方式,使用网袋直接将果实送入收纳箱中,在相同的时间内,果农可摘取更多的水果,有助于提高经济效益。

5. 作品展示

本设计作品采摘部分的外形如图 7 所示。

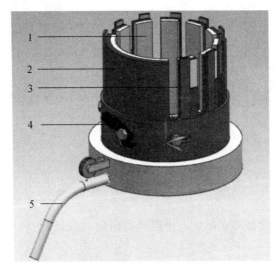

图 7　采摘部分的外形

1—采摘斗;2—固定刀片;3—旋转刀片;4—杠杆;5—伸缩杆

参 考 文 献

[1] 胡琳.工程制图(英汉双语对照)[M].2 版.北京:机械工业出版社,2010.

[2] 闻邦椿.机械设计手册[M].5 版.北京:机械工业出版社,2010.

[3] 安琦,顾大强.机械设计[M].2 版.北京:科学出版社,2016.

苹果类水果万向采摘装置

上海工程技术大学

设计者：蔡祎扬　张勇　蒙绪波　马家纬　刘旭蕊

指导教师：张春燕　陈曦

1. 设计目的

经过调查发现，市面上常见水果采摘机构主要分为两种形式：第一种是类似于剪刀的剪切式切割采摘装置；第二种是多锯齿的套筒类采摘装置。上述两种设计形式都存在着一个问题：果农在采摘过程中需要关注水果与采摘机构的相对位置才能确保顺利采摘，长时间劳作易导致果农劳累。另外，采摘不同位置的果子，需要果农多次移动采摘装置到不同位置，从而造成了采摘效率的下降。

此外，上述两种采摘机构每次只能采摘单个水果。根据苹果树的实际生长情况，经过调研发现，苹果树的枝丫大部分生长缠绕在一起。单个采摘虽然能够保证苹果的完整性，但是对于大批量的苹果采摘而言，效率低，耗时长。

市面上也有智能水果采摘机器人（车）。智能采摘机构能够通过计算机视觉的算法智能识别水果，并且通过操控机器人手臂来完成采摘。智能采摘机构对设备的精度要求极高，相对精密的传感器与控制芯片又很难适应环境较为恶劣的果园，故而需要频繁更换和维修。机电控制方面存在着很大的难度，并且普遍造价偏高。该类智能采摘机器人尚处于概念性的产品阶段，难以投入实际的使用。

综上所述，本次的设计需要满足果农在实际采摘中的效率要求，同时也要考虑到果农的经济承受能力与操作水平。

2. 工作原理

本项目对现有水果采摘机构进行创新，采用紧型夹子式刀片设计，将刀片紧贴于果树树枝，实现多个水果同步采摘。使用该装置能够把生长在一根树枝上的所有苹果，通过一次采摘动作，全部采摘完毕，大大提高果农采摘效率。刀片通过夹子的弹簧紧密地贴合在苹果树的树枝上。刀片自动跟随树枝滑动的同时，保持对苹果树树枝的压力，从而实现对水果果柄的剪切。因此在采摘的过程中，不需要果农进行多次瞄准、套取，只需要把夹子固定在目标树枝上，然后用力拖动即可。

3. 设计方案

为了能够实现上述的设计要求,初步拟订了剪切部分的两种方案。

方案一:果实采摘器的切割装置的模型如图 1 所示。该切割装置主要由四个部件组成:切割刀片、铁环、绳子、弹簧。刀片的背面设计有两个通孔。上方通孔的内径为 3 mm,下方通孔的内径为 4 mm。上下两个铁环的直径分别为 150 mm 和 105 mm。绳子依次固定在每一个切割刀片的背后。四个部件的装配形式如图 2 所示,每一个切割刀片的中间套有弹簧(弹簧穿在上铁环中)。

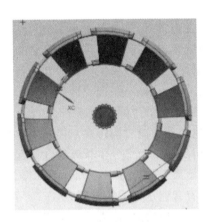

图 1　切割装置　　　　　图 2　切割装置装配形式

在实际的工作中,果农用装置套取目标果实。由于果实自身朝下的重力,果柄部分自然地卡在切割刀片的缝隙中。减速电动机通过旋转拉扯固定在刀片背后的绳子,闭合切割刀片,完成一次切割。

图 3　夹子

上述装置的运行可以在实际切割的时候为捕获果实的果柄提供一个全方位、旋转的切向力,从而在保证果实相对固定的情况下快速有效地完成切割。

方案二:采用类似于图 3 所示的夹紧装置。夹子的压力可以保证夹子能够在大于夹子最小合拢半径的树枝上牢牢固定。方案一中所述的花瓣形刀片垂直固定在夹子的边缘。夹子本身自带的夹紧力,使得刀片牢牢地固定在树枝上。

在实际使用的过程中,用户首先需要将夹子固定在目标树枝上,然后通过拉扯夹子直接完成剪切的工作。另外,在夹子夹持树枝的部位粘贴一块柔软的布料以确保在拉扯夹子的过程中不对果树造成过大损害。

通过实际制作样机,我们发现第一种方案存在着较大的问题:

由于串联的弹簧过多,再加上每一个刀片与套环之间的摩擦力,通过拉扯绳子很难保证实现成功剪切,且用户在使用的过程中需要长时间、大力气地拉扯绳子,造成实际采摘过程的不便。

因此采用方案二的切割方式。刀片通过夹子的弹簧紧密地贴合在苹果树的树枝上,整个刀片将自动跟随树枝滑动,并保持对苹果树树枝的压力,从而实现对苹果果柄的剪切。

4. 主要创新点

(1)采收一体机构。可随果树树枝自适应调节刀片所围口径的切割装置设计,能实现对果树枝条上多个水果的同步采摘。所设计的采摘器仅通过简单的夹紧拖曳操作,便可十分快捷地将簇拥在一起生长的苹果全部采摘下来,并且剪切下来的苹果将直接进入收集管道,然后随布料通道滑入果筐中,免去了频繁伸缩杆子的冗余动作,提高了采摘效率。另外,在紧型夹子中间粘有一块比较柔软的布料,用以确保紧型夹子在沿树枝滑动的过程中不会对树枝造成过大的损害。整个操作相对简单,减轻了果农工作负担,提高了采摘效率。

(2)仿自行车刹车机构的力传动装置。紧型夹子切割装置的张合可通过柔性钢丝的拉扯实现,操作便捷。

5. 作品展示

本设计作品的外形如图4所示。

图4 装置外形

参 考 文 献

［1］吕继东.苹果采摘机器人视觉测量与避障控制研究［D］.镇江:江苏大学,2012.

［2］贾伟宽,赵德安,刘晓洋,等.机器人采摘苹果果实的 K-means 和 GA-RBF-LMS 神经网络识别［J］.农业工程学报,2015,31(18):175-183.

［3］王春玲.苹果采摘后要加强树体管理［J］.河北农业,1995(04):21.

［4］孙桓,陈作模,葛文杰.机械原理［M］.8 版.北京:高等教育出版社,2013.